地域資源を活かす

柳沢 直　柏 春菜
竹田勝博　松本八十二 著

# 生活工芸双書

# 萱《かや》

農文協

# 茅と萱場

## 茅―イネ科の植物

●ススキ

●ヨシ

●チガヤ

●カサスゲ（写真：岩田臣生）

●オギ

## 萱場の植生―優占するイネ科植物の生き残り戦略は…

### (1)ススキの葉―体内にシリカ（二酸化ケイ素）をもつ意味

縁にあるギザギザがシリカ（二酸化ケイ素$SiO_2$）でできている。上部の黒い棒のように見えるのが1mm目盛なのでかなり微細な構造といえる。イネ科植物は、このシリカによって草食動物に対する防御態勢をつくる。また、蒸散を抑制し体内の水分を保持したり、細長い葉を立ち上げて受光態勢をよくすることができるのも、葉が硬いシリカを含むからである。シリカは草地でイネ科植物が優占するのに役立っている

### (2)畦に草地をつくるイネ科植物の知恵―分裂組織を低い位置にもつ意味

株の中心から順に番号をつけている。外側にいくほど草丈が短く中心部は丈が長い。中心部の低い位置に生長点である分裂組織をもつイネ科植物は、葉の先端を刈り取られたり、焼かれたりしても生長を続けることができる

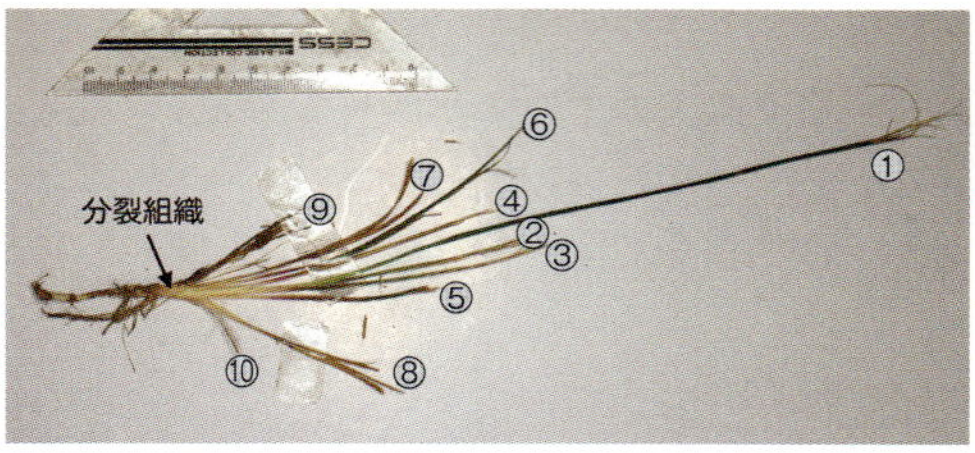

●刈られたあとも8月にはの畦畔に伸びるチガヤ

●葭《よし》地《じ》焼きのあと新芽を伸ばすヨシ
（写真：真田陽子）

●山火事から9日後に新芽を出すススキ。地表が焼かれたあとも、分裂組織が生き残って成長を続けていることを示している

●河口に群落をつくるヨシ（写真：石原等）
水中に広がる地下茎から茎を水上に伸ばすことができるのは、茎と根茎が中空となっていて根に酸素を送ることができる構造をもつため

（写真：石原等　撮影協力：葭留）

# ヨシを活かす―家屋

## 家づくりに活かす

●葭葺き屋根。京都市嵯峨野大沢池畔の聴松亭
（写真：真田陽子）

●葭壁のある喫茶店（滋賀県湖南市　写真：浅野 豪、設計：大岩剛一）

●壁の下地材　小舞壁の下地材にヨシの束が使われているのがわかる

●葭壁をつくる。槌で表面を調製する

●葭壁そのものをインテリアにした例

●ヨシを使った合板

●ヨシを利用した和室。ふすまもヨシ紙を使っている

●葭葺き屋根をもつ露地門

●壁インテリア
大小の円形枠の中に、切り口をみせてヨシを配して固定し磨きをかけた。葭織で琵琶湖を象ったものもある。ホテルの客室インテリアとして好評を博した

＊なお、カラー口絵に使われた写真の画質に関する責任はすべて農文協にあります。

（写真：石原等　撮影協力：葭留）

# ヨシを活かす―大小さまざまな生活工芸品

## 建具、インテリア各種の室内装飾品

●天井素材

●ヨシの引戸

●夏簾戸《なつすど》とヨシを使った衝立

●灯りカバー。クズの蔓でヨシを編んでいる

●ヨシ紙のランプシェード。ウォールライトにしている

●小さい葭簾を使った灯り。手にするのは葭留主人の竹田勝博さん

●広めの茶室で使う風炉《ふろ》先《さき》屏風《びょうぶ》。和紙に代えてヨシを編み込んだもの。ヨシの節が見えない大阪式といわれる技法

●葭簾の敷物

●上がり框上のヨシのオブジェを活かした灯り

●葭織の壁掛け

## 焼き物や生活小物など

●釉薬にヨシ灰を使った信楽焼

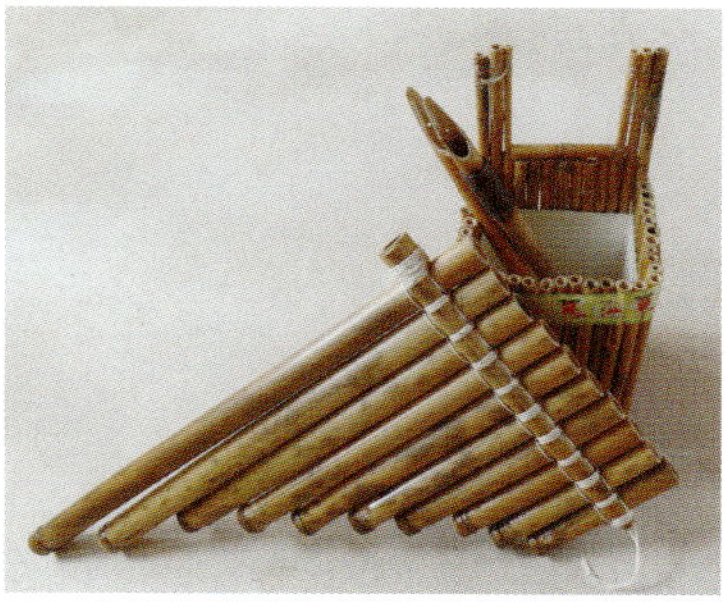

●ヨシペンとペンスタンド、ヨシ笛（パンパイプ）

（写真：真田陽子）

# ヨシを活かす―ヨシ屋根を葺く

## 葺き替え前と後

京都の聴松亭の屋根をそっくり葺き替えた。全面的に葺き替えるのを「丸葺き」と呼ぶ。これに対して傷んで減った部分を修理するのは「差し屋根」という。丸葺きでは、大きさにもよるが、5人がかりで3カ月以上を要する作業となる

## 丸葺きの手順

1｜古茅をめくる

2｜合掌の形に組まれた骨組みの母屋竹や垂木竹を交換・補充して骨格を固める

3｜軒付から葺き始めるが、1段目は使われていたススキを再利用する

4｜細い竹を使ったブチ竹で上から押さえ、ワラ縄を差し込んだ竹針で縫うように固定する

5｜2段目からは古ススキの上にヨシでつくった「葺き束」を置いていく

7 古茅軒付は3段葺いて軒を出し、ハサミで切り揃える

6 「葺き束」を竹針に通した2分縄でかきつけてからブチ竹で押さえ、ハサミで切り揃える

9 棟まで葺き上げて、葺き替えそのものは完了する

8 山登りに似て、山頂にある棟を目標に、ヨシ束を置き竹で押さえこむ作業を繰り返し、ひたすら棟を目指す

## 屋根葺きの道具類

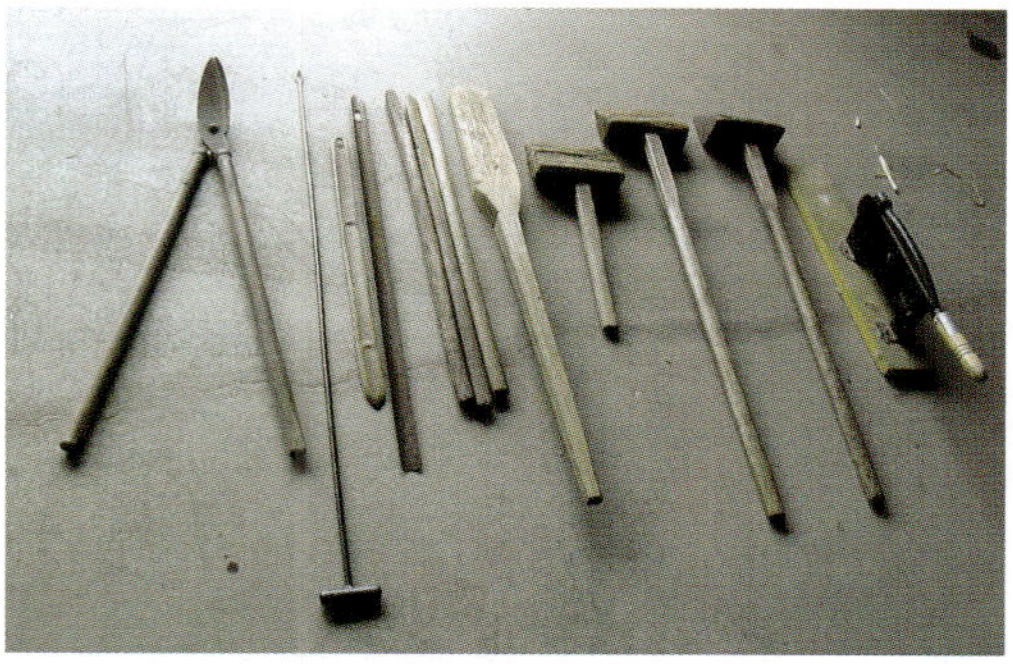

●右から、ヨシを切り揃える押切り、槌3本、羽子板（たたき）1本、こじ針3本、竹針2本、金針1本、はさみ

●ベルトに入ったラジオペンチと木バサミ

●木鎌

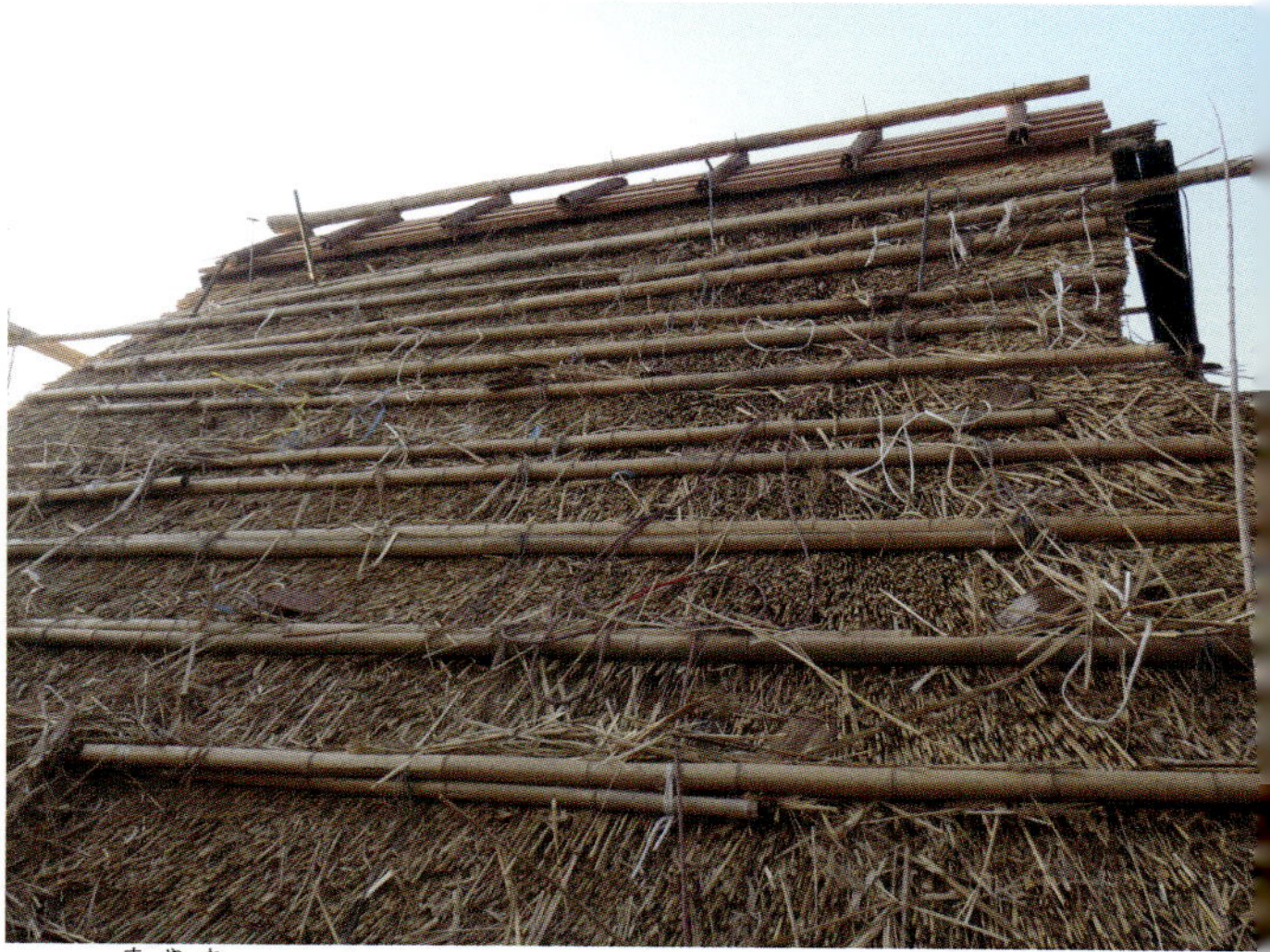

10 素屋根《すやね》や足場を外してから、屋根の頂に棟木を上げ、表面を刈り整えながら、竹の足場を外して降りてくればほぼ作業は終わる

（写真：倉持正実　協力：栃木県栃木市・松本八十二）

# 葭簀《よしず》を編む

## 葭簀の用途

住宅用、栽培利用

●茶栽培に使う葭簀

●シイタケ栽培用の葭簀（写真：編集部）

●日除け用の葭簀（たて簀《み》）

## ヨシの下処理

●切り揃える。木でつくった定規で2.7mよりやや長めにはかり、押切りで切り揃える

●皮を剥く。住宅用の葭簀は見た目をきれいにするための皮むき作業が必要になる

●皮剥ぎ前

●皮剥ぎ後

●手作業での仕上げ

●皮剥き機の構造　ピアノ線のタワシ状のものを上下に配置して回転させ、その間をヨシが通過することで皮を剥ぐ仕掛け。取り残しがあるのでその後の手作業での調製が必要だが、手間は半分に省けるという

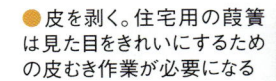

## 編み機を使っての葭簀編み

### 編み機による葭簀―手順

●「さすまた」状の部分に2本の縄を通す

●ボビンに棕櫚《しゅろ》縄《なわ》2本を並行して巻いておく

●編み機に面して右端にあるペダルを踏むと、差し込んだヨシは「さすまた」状の部分に挟まれ、さすまた状の部分が1回転して棕櫚縄でヨシを編み込み、編み手の手間に垂れ下がってくる。これを繰り返し1間分（約1.8m）の長さを編み上げ、最後に細竹を編み込んで仕上げる

●編み機の口から写真手前にあるヨシを差し込む。細いものは複数本を一緒に差し込む

## 手編みの葭簀

●3.6m以上の大きい葭簀は手編みにする。原理は俵編み機と同じで、棕櫚縄を巻いてあるコマを前後に振りながら、編み台の上においたヨシを編み込んでいく

●仕上がった葭簀

（写真：倉持正実）

# ヨシを活かす（ヨシ原・葭地《よしじ》）の管理

## ヨシ焼き

琵琶湖西の湖では4月初旬、栃木県の渡良瀬遊水地では3月18日前後に行なわれる。ヨシの出芽を揃え、ヨシを優占する萱場を維持し、害虫駆除のためにも必要な管理となる

琵琶湖西の湖の葭地焼き（写真：真田陽子）

西の湖の葭地はすべて私有地。以前は4月の4～5日の時期だったが、琵琶湖の水位が上がってくるという環境の変化で、3月の野焼きに変更したもの

栃木県渡良瀬遊水地でのヨシ焼き

観光客や写真愛好家が集まるなか、神主が祝詞を上げて、点火したものをヨシ原に持ち込んで点火する。ほぼ一日かかるヨシ焼きの始まり

## ヨシ刈り

渡良瀬遊水地でのヨシ刈り

葭簀製造が産業であった昭和40年代の頃は、集落総出の作業だった。その後刈払い機を導入し、現在は外国製の牧草用刈取り機をトラクタにつけて刈り取る

●トラクタによるヨシ刈り。トラクタの脇に一人がはりつき、刈り取られるヨシをかかえてヨシ置き場まで運ぶ

●刈り取りの現場では、暗渠用のヨシを一定の基準の長さをもつヨシ束にくくる

## ヨシ原の植生

●ヨシに絡む蔓性の植物。つる草が絡むとヨシも枯れてくる

●ヨシ原の柳の木。柳が増えると湿地が乾いてくるので、ヨシ原維持には柳の繁殖を抑える必要がある

●暗渠排水用のヨシ束

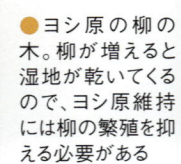

# はじめに

萱場という言葉がある。萱場とは草が生えている土地であり、草を刈って採取するために利用されてきた草刈り場の呼び方のひとつである。ここで主に採取されるイネ科の草を茅あるいは萱(カヤ)と呼ぶ。日本列島は温暖な気候と十分な降水量はあるものの、放置しても草原を維持できる条件は限られている。草刈り場を維持するためには、毎年行なう野焼きや採草などの継続的な管理が必要である。

最初に用語を整理しておきたい。草原は草本植物、つまり草が多くを占める群落のことだ。草地という言葉が使われる場合もあるが、これは草原のうち、主に農業で利用する小規模なものを指すことが多い。戦後、化学肥料を使い出す前には身近な草地から肥料として草が採取され、田や畑に投入されていた。そのような草刈り場には、秣場《まぐさば》、萱場《かやば》、茅場《かやば》、茶草場《ちゃくさば》など使用目的に応じた呼び方があった。これらはすべて草地の一種であると言うことができる。

本書では、大面積で草本植物が多くを占める群落を指して、草原と呼ぶ。また、里山の一部として人が使用してきた比較的小規模な草原を扱う場合に、草地という言葉を使う。目的に応じて草地を使い分けている場合には、茅場や茶草場という言葉を使うこともある。この定義によれば、河川堤防に広がる大面積の草本群落は、面積が広いこと、利用の目的が採草や放牧ではないことから、草原と呼ぶべきであろうが、一般に堤防草地と呼ばれているので例外とする。

本書では、日本人が草地とどうつき合ってきたのかを追いかけてみたい。草地は目的を持って管理されてきた半自然ではあるが、そこには多くの生き物が人間の意図とは関係なく住み着いている。人間が自然と共生するために生物多様性の保全が必要であるとされているが、その生物多様性を支えてきたのは、日本の穏やかな気候風土と、その力をうまく引き出してきた我々の先祖からの文化であると思う。

本書では、まず萱場に生育するイネ科を中心にした植物の特徴を詳述する。イネ科植物が優占する条件をいかにつくってきたかを、イネ科植物の特徴から明らかにし、ススキ、ササ、ヨシ、チガヤなど具体的なイネ科植物のそれぞれの特徴を人との関わりから考察する。次に日本人は萱場をどのように利用してきたのかを景観生態学の手法も使いながら考えてみる。ここでは現代の課題でもある生物多様性を保全するうえで、萱場のもつ価値も明らかになる。さらに、かつての集落での萱場利用の実際について、福島県の昭和村大岐、長野県木曽町開田高原末川、岐阜県恵那市明智町馬木、富山県南砺市相倉での聞き取り調査をもとに紹介する。地域の自然環境とヒトとの関係のなかで、巧みに萱場が維持されていた様子が、集落に住む人々の語り口で、印象深く語られている。続く3章では主にヨシを中心にした利用になるが、琵琶湖の西の湖のヨシを活用した葭《よし》屋根葺きと、栃木県の渡良瀬遊水地のヨシを使った葭簀編みについて、具体的な工程も含めて紹介する。合わせてその他の地域での利用にも簡単にふれる。最後は、萱場の管理について。主には火入れと刈り取りが継続されてきたことによって維持されてきたこと、また萱場という半自然草地の現状を知るうえで、草原性チョウなど指標生物に注目すべきことを示した。

茅を単なる一材料として考えるのではなく、茅を利用してきた文化の中に位置づけて扱い、さらには利用にあたってそれを支えてきた風土や自然の観点を盛り込むことにより、人が自然と関わりながらどう生きていくべきなのか、という大きなテーマへとつながるのではないかと思っている。

２０１８年７月

柳沢　直

# 生活工芸双書　萱《かや》……目次

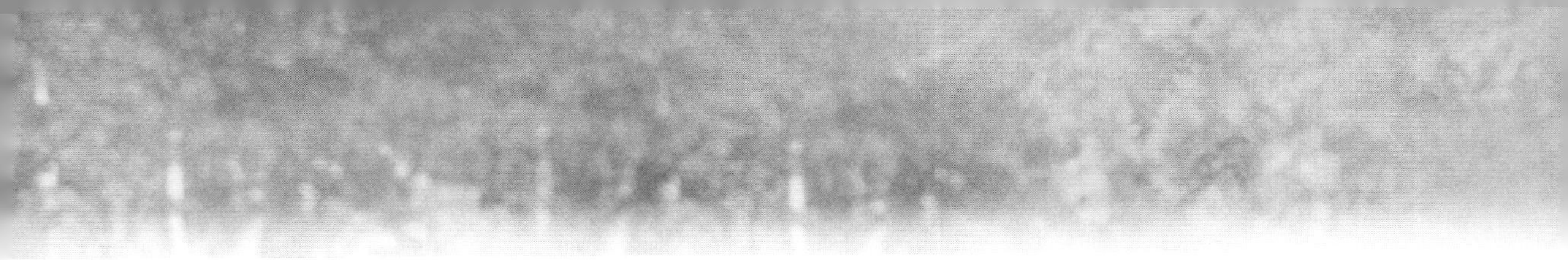

# 1章

# 萱場とは

# 萱場の植物と萱場の環境

## ●萱場に生育する植物

「カヤ」とは、ススキ、オギ、チガヤなどの屋根を葺く材料に用いられるイネ科の植物の総称である（『世界有用植物事典』）。ただし、イネ科のほかにカヤツリグサ科スゲ属の植物などにも用いられることがあるし、家畜の飼料に使うイネ科草本を呼ぶ場合もある。

カヤには、漢字で「茅」や「萱」を当てる。中国名で「茅」を名前に含むイネ科植物がいくつかある。たとえば日本にも自生しているチガヤは「白茅」であるし、日本には自生しないが「黄茅《こうぼう》」という名前のイネ科植物もあり、家畜の乾燥飼料に使われている。また、「茅香《ぼうこう》」という植物は日本に自生するコウボウと同じ種である。名前の由来は植物体から芳香がすることであり、桜餅を包むのに使われるオオシマザクラの葉と同じくクマリンという芳香成分を含む。日本のイネ科植物で和名に「カヤ」を含むものは多いので、日本人は古くからイネ科植物が屋根を葺く材料として有用であるという認識を持っていたのかもしれない。

萱場というのは「茅」が多くを占める草地であると同時に、屋根を葺く材料や、家畜の餌を集めるために草を刈る場という意味もあった。萱場には「茅」はもちろんのこと、それ以外にも多くの動植物が暮らしている。ここではそれらの生き物についてもみていきたい。

## ●イネ科植物について

前に述べたように屋根を葺く、または家畜の飼料に用いられるススキ、カリヤス、チガヤ、そしてネザサや、葦簀（葭簀）の材料に使うヨシなどの植物はすべてイネ科である。また、イネ科の植物にはススキ、チガヤ、ネザサ、シバ、ヨシ、オギなど、単一の種で優占種になり群落を形成できるものが多い。霞ヶ浦湖畔では、ともに湿地に生えるイネ科草本であるクサヨシとカモノハシを「シマガヤ」と呼んで高級屋根葺き材として利用している。また、屋根を葺くときの下地などにはマダケをはじめとする竹類が使われるが、それもまたイネ科植物である。

これらのイネ科植物のうち、ススキは屋根葺き材として、シバは地面の被覆として、ヨシは葦簀や屋根葺き材として他の植物と混ぜずに使う用途があるため、それぞれが優占種となる大面積の草地が利用されてきた。また、当然であるがイネそのものが日本人の食糧として重要な位置を占め続けてきた。イネ科植物は文化的にも植生学的にも重要な種類を多く含んでいる。ここではまず、草地の管理に際して重要な、これらイネ科の植物の特性についてみていくとともに、イネ科植物がどのように進化してきたのかという点についてもふれてみたい。

## ●イネ科植物の進化的な位置づけと特徴

イネ科植物は単子葉植物である。単子葉の意味は、種子から芽生えて最初に出す子葉の枚数が1枚ということだ。その昔小学校で習ったおぼろげな記憶をたどると、単子葉植物は葉の目立つ脈が隣と交わらずにまっすぐ伸びる平行脈であり、花びらの枚数は3の倍数と教えられた気がする。単子葉植物にはほかにも身近なものとして、ユリ科やラン科、アヤメ科など多くの園芸品種を擁するグループがある一方で、アスパラガス(キジカクシ科)やサトイモ(サトイモ科)、ショウガ(ショウガ科)など普段から食べている野菜にも単子葉植物が多くみられる。

穀類に関しては、イネ、コムギ、トウモロコシが、生産量が多く世界人口の多くを養っている世界三大穀物としてあげられるが、そのすべてがイネ科の植物であることは興味深い。人類はイネ科植物をうまく利用することでここまで人口を増やして、世界中に広がったのかもしれない。

旧来の分類体系だと被子植物を双子葉類と単子葉類に二分していたが、現在の研究では、双子葉類はひとつのまとまりを持ったグループではないとされる。これまで双子葉類として括られたものは、進化の順番でいえば、単子葉類の出現前に分かれた双子葉類(基部被子植物)と、単子葉類が分かれたあとで分かれた双子葉類(真正双子葉植物)に分けられる。

基部被子植物には身近な植物でいえば、スイレン(スイレン科)、シキミ(シキミ科)などが含まれているが、イネ科を含む単子葉類はそのあとに共通祖先から分かれたと考えられている。被子植物が現れたのがジュラ紀の終わり頃(約1億5000万年前)だが、イネ科が出現したのは新生代に入った古第三紀(約6500万年前)である。イネ科は被子植物の中では途中から出現してきたグループであるといえる。約1000万年前には、アラビア半島やアジア西部にサバンナが広がっており、そこでは現在のようにイネ科草原が広がっていたと考えられている。サバンナは降水量も少なく気温も高いため乾燥しやすく、森林が成立する条件としては厳しい環境である。また草食獣による摂食も多い。こういった環境に適応するため、イネ科植物は光合成の仕方を工夫し、体内にシリカ(二酸化ケイ素)を取り込むことによって厳しい環境に進出していったと考えられる。

現在のイネ科は約8000～9000種が知られており、被子植物全体(26万8000種)の約3～3・4%を占め、キク科(約2万5000種)、ラン科(約1万8000種)、マメ科(約1万7000種)に次ぐ大きなグループになっている。これにはイネ科植物が乾燥だけでなく、酸素飽和度の低い高地の環境にも適応できるようになったこと、第四紀以降の気候の寒冷化に伴ってステップ地帯などの温帯草原にも進出できたことが大きいといえよう。そしてサバンナ、ステップなどの草原では草食獣やイネ科、カヤツリグサ科などを主に食べるバッタ目の昆虫が進化することになる。このためイネ科植物は「食べられる」ことに対する防御を発達させるよう進化した。

## ●イネ科は撹乱環境の覇者

こういったイネ科植物は果たして成功した植物といえるのか、日本の自然を振り返ってみよう。日本列島でイネ科の草本が優占する景観を探してみると、真っ先に浮かぶのがススキ草地である。秋風に揺れるススキの穂と中秋の名月はいうまでもなく日本の秋を代表する取り合わせだ。ススキ草地は日本全国で見られる風景であり、戦後しばらくの間までは今よりも面積が大きかったに違いない。

河川沿いのススキ草地

堤防のチガヤ草地

チガヤ草地も水田の畦や、河川堤防などで普通に見られる。若い花穂は噛んでいるとかすかに甘みが感じられるので、戦後の食糧難の時代に野外で遊んでいた子どもたちが口にしていたようだ。シバは芝生として公園や庭の植被として使われるだけでなく、牧草としての利用もされる有用植物であり、河川堤防や道路の法面緑化用に使われて土壌浸食の防止に役立っている。シバは踏みつけや牛馬の採食に強いため日本全国で積極的に植えられている。ヨシは古くから葦(アシ)とも呼ばれ、水辺の景観を形づくってきた。河川河口部付近で見られた大規模なヨシ原は、現在では開発によってその面積を減少させているが、依然としてカヤネズミやヨシキリなど多くの生き物を養う重要な環境であると同時に、人間にとっては水質浄化の機能や、葦簀などの資材を提供する役割も担っている。また、里山整備の際に刈り払うことの多いネザサや、タケノコを食用にするチシマザサ、食品を包むのに使われるチマキザサなど、複数の属(グループ)を含む、一般に「笹」として認識されている植物群がある。これらの植物も多雪地や河川敷で広大な面積の笹原をつくることがあり、場合によっては林床で次世代の芽生えが育つのを阻害するなど森林に与える影響も大きい。もちろん、水田で育てているイネも当然ながらイネ科植物である。自然景観では

シバの花穂

湖岸のヨシ原

ないが、日本におけるイネ科が優占する景観の中で最大の面積を占めるのが水田ではないだろうか。

　こうしてみるとイネ科植物は、既に日本列島の身近な景観を構成する重要な要素であることがわかる。これらの景観に特徴的なのは、何らかの形で撹乱が入っているということだ。ススキ、チガヤ、シバなどは刈り取りや牛馬の採食による撹乱を受けている。北海道で見られる広大な笹原も、開拓時代に森林を焼き払った野焼きのあとに成立したのではないかと言われている。ヨシ原も葦簀などの資材を収穫するために野焼きによって維持されているところが多い。これらはすべて人の手による管理だが、人為が加わる前にはこういった現在優占種となっているイネ科植物はどこに暮らしていたのだろうか。この問いに直接答えるのは難しい。なぜなら現在の日本の植生のほとんどが人為の影響を受けているからである。

　しかし、ススキの自生する低山の岩場は本来の生育地の候補かもしれない。こういった場所では放っておいても樹木は大きくならず、相観（種類・密度による特徴的景観）としてススキにとって好ましい明るい低木林が維持されるからである。海岸沿いで潮風の吹き付けるような場所でも森林が成立しにくいため、人為の介在なしでススキ群落が持続していた可能性もある。天然のシバ草原も同様に潮風の当たる岬に見られることがある。さらに、河川敷の砂質土壌にシバ草地が成立しているのを見ることもある。これには頻繁に河川が増水して撹乱が入り、森林が成立しないことに加えて、砂に保水力がないため厳しい乾燥にさらされる環境であることが影響していると思われる。

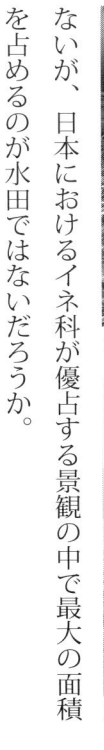

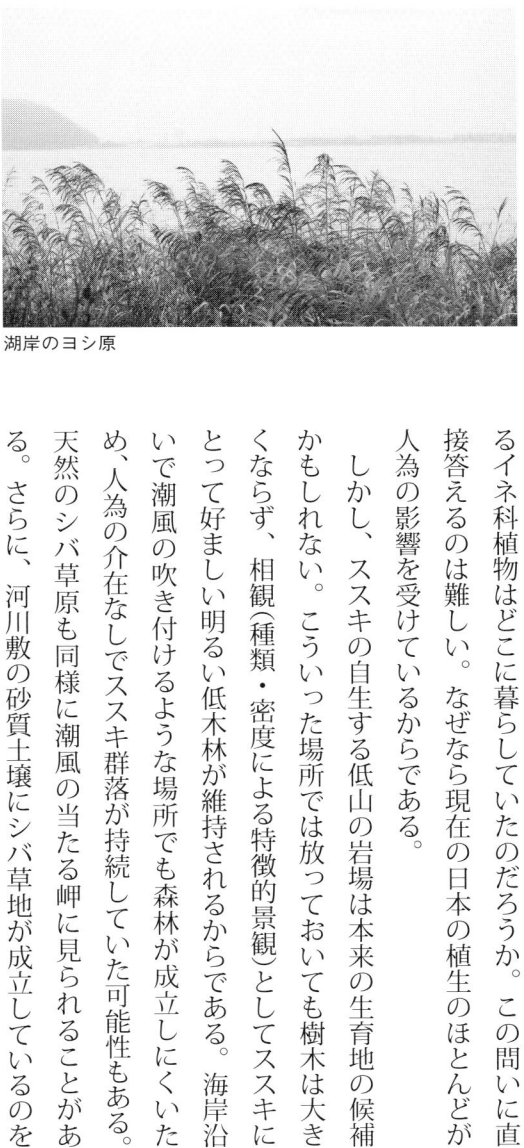

### ◇アカマツとススキの共通性

　樹木でススキに類似した出現の仕方をするものがある。アカマツである。アカマツはかつて里山が広く利用されていたときの代表的な植生であった。材を建物の梁に使ったり、炭材として利用されたり、地表から落ち葉を掻き取って肥料や焚き付けに使っていた。アジア・太平洋戦争末期には航空機燃料の原料として根株から掘り取られたりもした。これだけ有用でかつ広範囲に広がっていたアカマツであるが、戦後マツノザイセンチユウが北米から渡ってきて、いわゆる「松枯れ病」が蔓延し多くのアカマツ林が失われた。

しかし失われたアカマツ林は本来日本でそれほどメジャーな植生だったのだろうか。アカマツの芽生えが育つためには十分な光が必要である。しかしそれだけでは十分でなく、アカマツが更新するには落ち葉のない剥き出しの地面が必要だ。このような条件は、自然界では木が倒れてできた根返り跡か、地滑りの跡、または自然発生した山火事の跡くらいしかない。それに対して同じ里山林の主要構成種であるコナラは落ち葉にドングリが埋められていた方がよく発芽し、初期の死亡率も少ない。これはドングリと芽生えが乾燥に弱いからである。つまり、アカマツ林は人が里山を使っていたからこそ全国に広がっていたのであり、本来は日本の植生の多くを占める景観ではなかったといえる。日本人の心には松林を美しいと捉える美的感覚があるとも言われるが、それは長い間をかけて人と自然との関係の中で育まれたものであったのかもしれない。

アカマツとススキは痩せ地で落ち葉が少なく、乾燥しやすい場所で他の植物を圧倒して広がるというように生育環境がよく似ており、しばしば同所的に出現する。上層を形成するアカマツ林の密度が適度にまばらであった場合、林の中には十分に光が差し込むので林内下層植生でススキが優占することもある。江戸時代から昭和30年代までの景観にはアカマツとススキがよく見られるが、それは人の身近な自然に対する強い働きかけを示しているといえるだろう。

## ●イネ科植物の特徴について

イネ科の植物は見分けにくい、と学生が言っているのをしばしば耳にする。見分けにくいどころか、自分が植物の名前を覚え始めた頃を思い返してみると、イネ科は覚える気すらなくて、ひたすら避け続けていた分類群だったように思う。理由は単純で、花が咲かない葉だけの状態ではどの種も似通っていて、区別するのが困難だからだ。さらに厄介なことに、カヤツリグサ科やイグサ科など、同じイネ目の中に位置する近縁な科の植物も、細長い葉や茎が途中で分枝しないなど(例外はある)、大きくみてイネ科と共通の姿をしているため、慣れないと野外でこれらの種を見分けるのは骨が折れる。

これらの植物は形態的によく似ているのだから同じに扱ってもよいように思うが、日本人はそれぞれの種の特徴を理解して的確に使い分けてきた。たとえば、岐阜県飛騨地方の白川郷では、ススキをオオガヤ、中部地方の特産種のカリヤスをコガヤと呼んで区別していた。同じイネ科のススキ属に属する植物だが、コガヤで屋根を葺くとオオガヤよりも10年余計に保つとされ、大切に使われてきた。現在ではカリヤス草地は激減し、ほとんどの屋根葺き材にはススキが使われているそうだ。また、古来からカリヤスは黄色の染料に使われているが、ススキはそういった用途には使われない。

イネ目の中の大きなグループであり、種類数も比較的多くて身近にも生えているものとして、イネ科のほかにカヤツリグサ科とイグサ科があるが、この3種を見分ける際には茎の断面を見るとよい。断面が三角形をしていればカヤツリグサ科である可能性が高い。イネ科は円形で中空(中が詰まっていない)、イグサ科は円形または扁平で中が詰まっている(中実)。ただし、この方法は簡便ではあるが、例外も多い。あくまでも科の見当をつけるのに使える程度の情報だと思っておいた方がよい。

## ●イネ科植物の形態について

ここでススキを例にイネ科植物の体のつくりを見てみよう。8月下旬に野外で採集したススキを解剖してみた。図は分解したススキを図化したものである。茎の太さは長さに対して5倍程度に拡大してあるが、葉の長さと茎の長さは実物と同じ比率で表している。茎に入っている横線は節の位置を示す。地表から葉の広がっているところまでの高さは180cmあった。中心にある茎はそれよりも低くて115cmであった。葉の枚数は大小合わせて全部で15枚あり、最下部の2枚は既に枯れかけていた。先端にあるのが花穂《かすい》(ススキの穂)だ。採集時期は8月下旬だが、秋の開花に向けて準備していることがわかる。この時期では葉に囲まれて、外から直接花穂を見ることはできない。

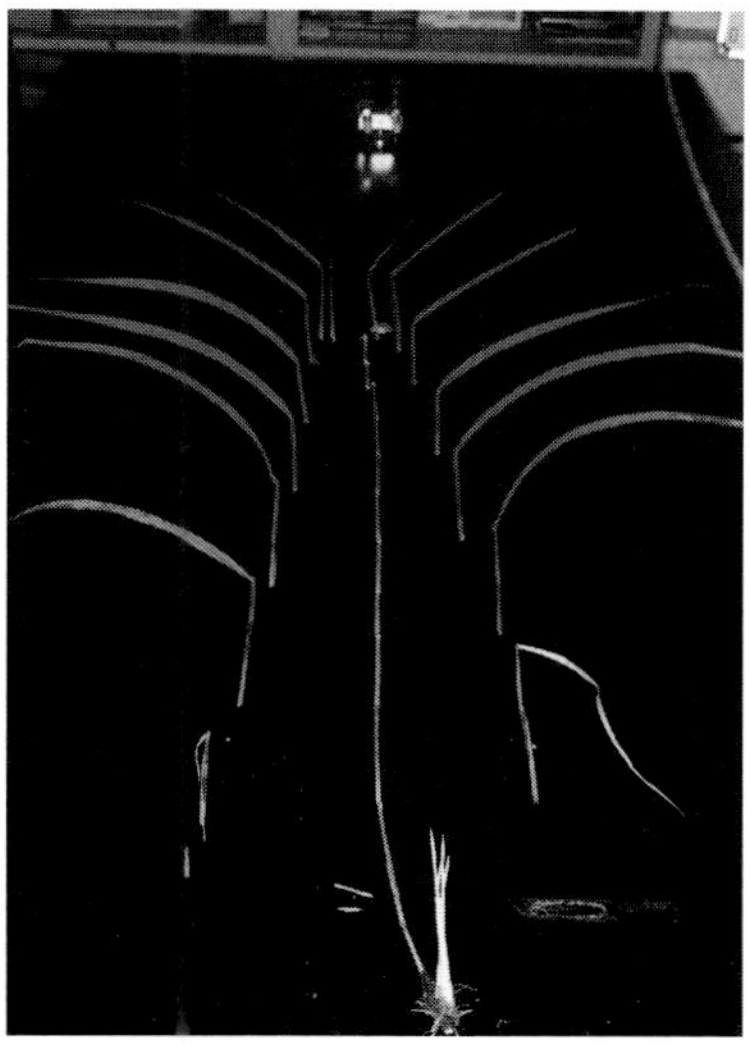

分解したススキ

図　分解したススキ

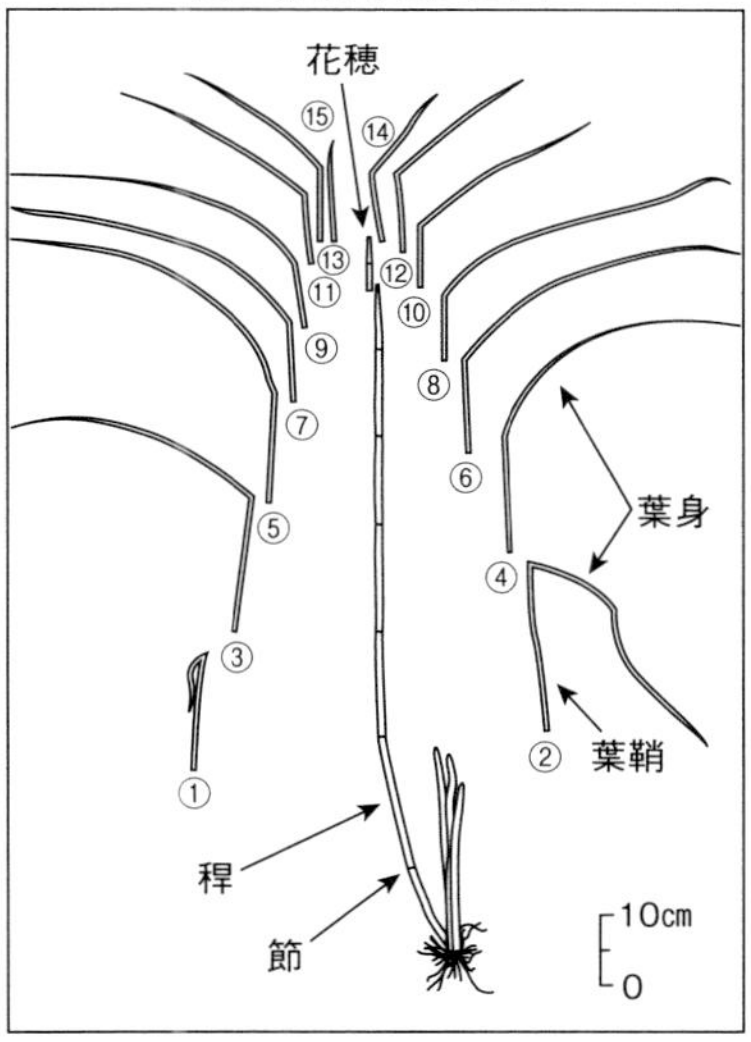


イネ科もほかの植物と同じように地上部は茎と葉から成っている。特徴的なのは、葉が細長いことと、特殊な形の葉柄である。典型的な樹木の葉の場合、葉は平べったい葉身と、枝に接続する葉柄

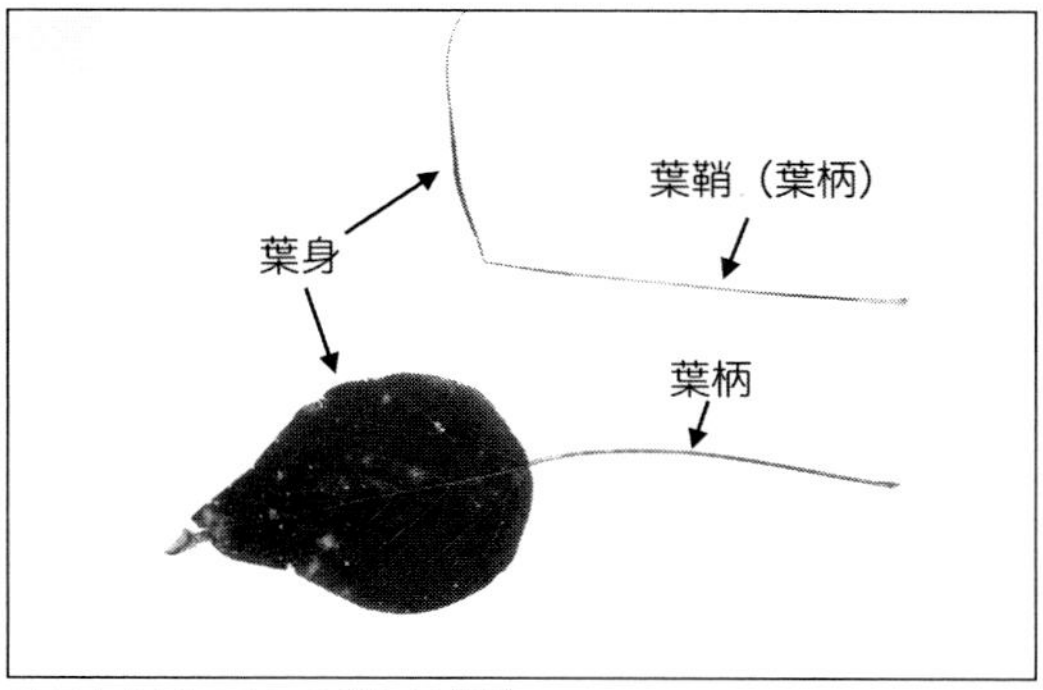


ススキ(上)、アカメガシワ(下)

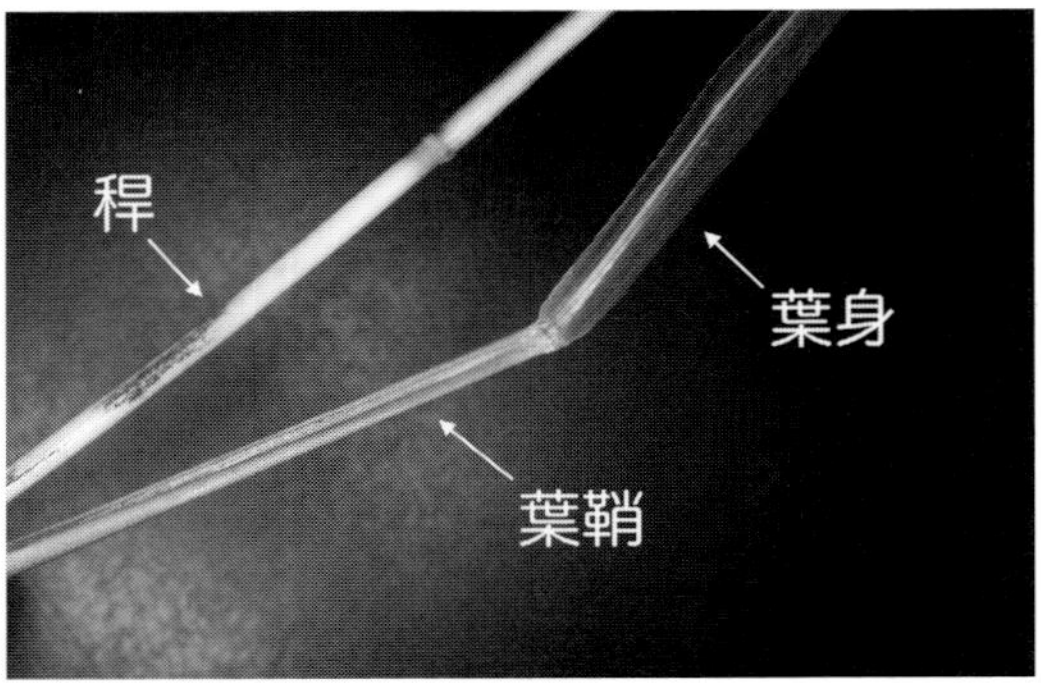

中央部から左が葉鞘

からなっている。アカメガシワは日当たりのよい所に生育する樹木で、極力枝を出さず長い葉柄をつくって枝の代わりにする。イネ科の葉も葉身と葉柄からできている。ただし、葉柄が鞘状になって茎を包むので、これを葉鞘と呼ぶ。葉鞘は、茎を包み込むことで茎を補強していると考えられる。部分的には葉鞘が重なっているところもあり、強度を高めて直立するのに役立っている。たとえば、図を見ると茎の途中までは左右2枚の葉鞘で茎を包んでいるが、まだ軟らかい先端の数センチに関しては3枚、花穂に至っては6枚の葉鞘で囲まれていることがわかる。花になる部分は特別厳重に保護されているのだ。

　また、茎には全部で14カ所の節があった。節の部分で茎は膨らんでおり、その位置から葉が上方に伸びる。茎は節のところで折れやすくなっている。これは節のすぐ上に介在分裂組織があるためである。分裂組織からできたばかりの細胞は若くて常に軟らかい。それを守るために葉鞘が発達しているとみることもできる。

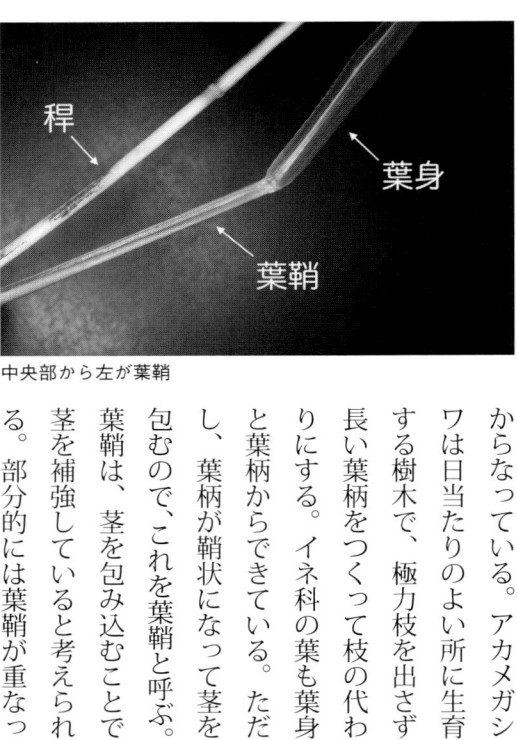

## ●形成する群落の特徴

　植物は主に葉を使って光合成を行なっている。葉は光合成によって水と二酸化炭素を原料に太陽からの光エネルギーを使ってブドウ糖を生産している。生産したブドウ糖は呼吸によって分解される際にエネルギーを発生し、生きていくための基礎代謝に利用されるほか、植物の体を構成する基本的な原料にもなる。葉はエネルギー生産工場によく例えられるが、その工場をどのように配置するかは植物の戦略にとって基本的かつ重要な問題である。光合成のために必要な光を効率よく受け取るためには、その配置が重要だからだ。少しでも効率的に光を得るために植物は工夫をこらしている。

　もっとも基本的な戦略は、できるだけ高い位置に葉を配置することである。上に遮るものが何もなければ太陽の光は独り占めできる。そのために太くて高い茎を継続的に生長させて、他の植物よりも有利に立っているのがいわゆる高木性の樹木だ。ある場所の森林の林冠層を構成している樹木は、この光を巡る競争の最終的な勝者だ。しかしイネ科をはじめとする草本植物は木化して毎年肥大生長を続ける幹を持たないため、樹木との光を巡る競争に勝つことはできない。ただし、毎年草刈りが行なわれて高さがリセットされる環境や、土壌や気候の影響で元から樹木が大きくなれないような環境では、草本植物にも勝ち目が出てくる。それが草原という草が優占する生態系ということになる。

草原にも大きく分けて群落構造の違いから二通りの種類がある。ひとつは葉の広い草が多くを占める草原、もうひとつはイネ科植物など葉の細長い単子葉植物が優占する草原である。層別刈り取りといって、植物群落を高さごとに切り分けて葉の重さを測定し、光合成器官である葉が群落内のどの高さに重点的に配置されているかを調べる調査方法がある。これによれば、ヒマワリなど広い葉を水平に展開する植物だけからなる群落は、展開した葉の下では十分な光を受けることができないので、葉群は群落の上部に偏ってつくことになる。一方で、イネ科草本のように背が高くても葉が直立するような植物からなる群落の場合、葉群は群落の下方にも分布している。

## ●イネ科植物の葉が細長い理由

イネ科植物には花を咲かせるまで茎を伸ばさないものがある。茎がないわけではないのだが、開花する直前までは、短いうえに多くの葉に包まれて茎が外からはよく見えない。水田で栽培しているイネを想像していただければわかると思うが、春に田植えをしてから初夏に出穂するまでの間、ほとんどの葉は根元から出ているのがわかると思う。ススキも秋になるまでの間は茎を出さずに背の高い葉のみで暮らしている。

花穂が出る前の水田

植物は他の植物との競争関係から、できるだけ高い位置に光合成器官である葉を展開して光を受け取ろうとする。樹木では専用の器官である幹や枝によって葉を高い位置まで持っていこうと努力するわけだが、イネ科の場合茎が短く、または出ていない時期にはそれができない。その代わりに葉を細長くして群落の中にも光が届くようにしているのだ。根元にはあまり光が差し込まないように思えるが、周囲もみなイネであるような水田の環境の場合、間隔が適当であればかなり下の方にも光は届く。

以前、耕作放棄されてから7年経過した山間地の水田を掻き起こして、出現する植物を調べたことがある。水田は

チゴザサが優占する単純な種組成の群落

チゴザサ(イネ科)に覆われており、水位も下がった状態で、ほかに目立った植物はなかった。しかし、水田を掻き起こしてチゴザサを泥に沈めたところ、多くの植物が姿を現わした。泥の中に眠っていた埋土種子から、かつての水田雑草が芽を出したのだと思われる。調べてみると、イネ科、カヤツリグサ科、イグサ科、ホシクサ科などイネ目に属する葉の細い植物が、出現した19種のうち実に8種を占めていた。掻き起こしたところにしか見られなかった14種に限定すれば、その割合はさらに高くなる。

　前述の4科以外の植物もシロネやチョウジタデなど、葉の細長い植物が多かった。なぜ葉の細長い植物ばかりなのか。それはおそらくこれらの植物が、水田が耕作されていたときからの水田雑草であったからではないかと考える。水田では当然ながらイネが優占して葉を広げているが、その隙間で効率よく葉を広げるためには自らも葉が細くて直立している植物の方が葉を高い位置まで持っていけるので有利である。そう考えると、イネと生活史を共にする水田雑草には、イネ科やカヤツリグサ科、イグサ科などの単子葉類で葉が細長いものが多い理由にも納得がいく。

シロネ

　一方で、イネの間隔が広くなれば、基部に大きな空間ができるため、葉の広いタイプの植物も暮らすことができるようになる。これはススキ群落のような草地でも同じことで、管理の仕方によって優占種の株の密度を変えることで、共存できる植物の数と種類が変わることを意味している。

## ●分裂組織の位置

植物がどうやって伸びているかご存知だろうか。もっと正確にいえば、植物のどの部分が伸びているのか、見たことはあるか、と言い換えてもよい。朝から晩まで眺めていても植物の伸びる様子は観察するのが難しい。いくら生長の早い植物であっても目で見えるような速度の生長はしないのが普通なので、多くの人は植物のどの部分が伸びているのか意識してみたことはないのではないだろうか。

　植物が伸長生長するときには、①細胞分裂で細胞の数が増える、②増えた個々の細胞が大きくなる、③細胞が分化してそれぞれの機能を持つ、の三つの段階を経る。ここで大事なことは、①の、細胞の数が増える、すなわち細胞分裂の起こる場所は基本的に限られているということだ。

たとえば茎の先端には頂端分裂組織があって細胞分裂が行なわれている。根の先には根端分裂組織があり、地中での根の伸長を担っている。他にも分裂組織は植物体のさまざまな場所にあり、これらの分裂組織が損なわれない限り植物は生長を続けていくことができる。

　しかし一般的な樹木の場合、地上部では枝先や葉腋に分裂組織があるので、葉腋の芽を摘んでしまったり、枝の途中から剪定してしまえば、その部分はそれ以降の生長ができなくなる。根元側に戻ったところの芽を使って伸び直すしかない。

### ◇イネ科植物の分裂組織

　一方で、イネ科植物の場合は茎の途中や葉の根元に存在している介在分裂組織がうまく機能して、草刈りや火入れ、草食獣による摂食などに対応している。写真は水田の畦斜面を8月上旬に撮影したものである。斜面上に転々と生えているのがチガヤだ。チガヤは比較的自然度の高い水田の畦斜面で草地をつくることが多い。この斜面では頻繁に草刈りが行なわれているので、草丈は低い。この斜面に生えているチガヤを1本抜き出して観察してみた。

　まず、葉の先端が草刈り機にとばされて茶色くなっているのがわかる。さらに10枚ある葉の長さに長いものから短いものまであることにも気づく。株の内側から外側に向けて順番に数が増えるよう葉に番号をつけてみた。これを見ると例外もあるが、外側にいくにしたがって葉が短くなる傾向があることもわかる。葉の長さが4グループに分けられるように見えるため、一見すると草刈りが4回行なわれたようにも見える。しかし、そうだとすれば、4回の草刈りで刈った高さが毎回違うということになる。それは少し奇妙だ。実はこの期間に行なわれた草刈りは1回だけである。どうしてこのような葉の長さの違いが生じるのだろう。

　実は、1回刈られて長さが揃ったあとに、それぞれの葉が個別に伸長を続け、中心に近いあとから出た葉ほど伸びきって伸長を停止するまでの時間が長いので、その分違いが出るのである。外側ほど葉が短いのは、新しい葉は次々と中心部から現わ

草刈りされた畦畔草地

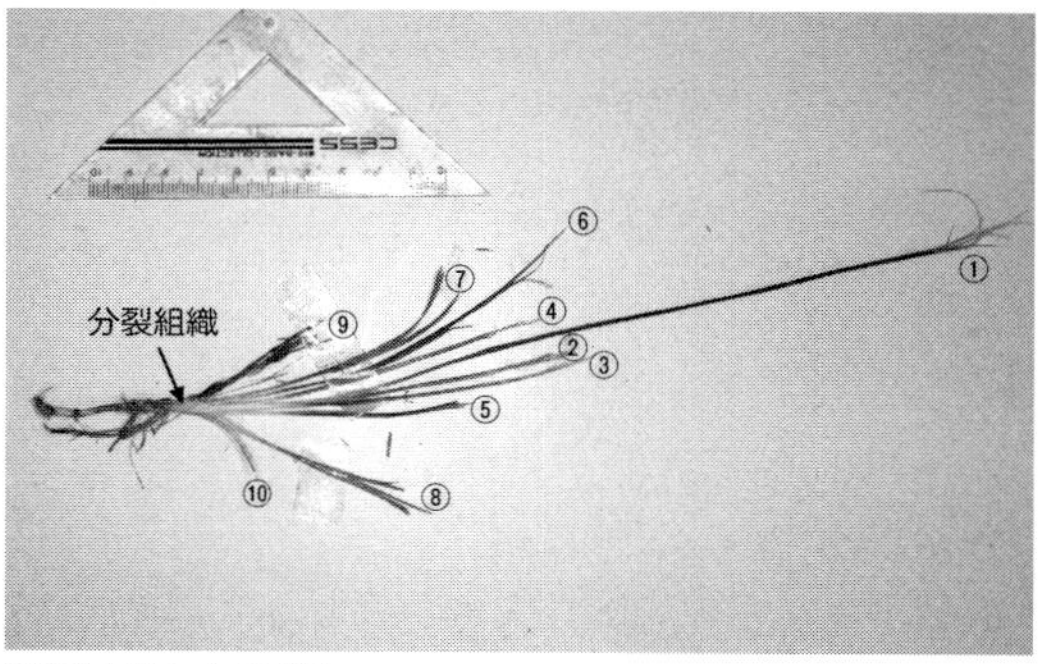

草刈りされたチガヤ

れてくるためであると説明できる。これは新しい葉を産み出している分裂組織が株の根元にあって、草刈りを免れているからこそできる生長である。節間の長い樹木であればこうはいかない。

一番外側の葉は、なんと長さが3㎝程度しかない。つまりそれがこの場所の草刈りの高さということになる。この田んぼの畦を刈っている地主さんは、かなり低い位置で丁寧に草を刈っていることになる。ひとつ間違えば草刈り機の刃が地面の石に当たって欠けてしまうほどの高さだ。確かに刈り跡を見ると芝生を刈ったようにきれいに刈られている。

しかし驚くべきは草刈りをしている地主さんのテクニックだけではない。刈られるチガヤもまた、この低い位置での刈り取りに分裂組織を地表面すれすれに持つことによって対抗しているのだ。分裂組織があと5㎝高ければ草刈り機の刃でとばされてしまうだろう。手鎌で刈っていた時代なら刈る位置も高いため、ほとんど問題なく生き残ることができるはずだ。これではウシやウマなどの大型草食哺乳類が食べたとしても、低い位置にある分裂組織が残りやすいため、根絶やしにはならないだろう。もしチガヤを根絶しようとすれば、あとは株ごと引き抜くしかなさそうだが、それとても地中に残った地下茎から株が復活してくることを考えると、それも困難であると言わざるを得ない。

また、ススキの大きくて密な株は火入れの熱から少なくとも中心部の分裂組織を守るため、野焼きにも耐えて株を再生させることができる。山火事跡地でも地表面に走った野火の中で燃え残ったススキの株を見ることができる。写真は山火事で地表面が丸焼けになってから9日後の様子だが、地上や地表面は丸焦げになっているにもかかわらず、ススキの株は中心部が焼け残りしっかりと生き残っている。こういった性質は、イネ科の中でも刈り取りや放牧による草食獣の摂食、火入れなどの管理に耐えて草原をつくり優占する種には必須の性質なのである。

燃え残ったススキの株

ススキやチガヤなどの場合、分裂組織を地表近くに持っていくと、葉を地表面近くから出すことになり、必然的に葉だけでかなりの長さを直立させなければいけないことになる。つまり、イネ科植物は他の植物と比較して硬くてしっかりした葉をつくらなくてはならない。そのために利用されているのがシリカである。

## ●シリカ（二酸化ケイ素）の効用

イネ科植物の特徴のひとつにシリカを多く含むことが挙げられる。シリカとは二酸化ケイ素のことであり、非常に安定した化合物として知られている。ケイ素は岩石圏を含む地球表層の約4分の1を占める元素で、酸素の2分の1に次いで2番目に多い元素である。岩石にはケイ素を多く含むものが多いので、自然界には普遍的に存在している。炭素も酸素と結合して二酸化炭素をつくるなど、性質が似かよっている。しかしケイ素は炭素に比べて生物体内に含まれる割合は小さい。ところが植物によってはこの安定した化合物であるシリカを利用して生活しているものがある。蘚苔植物とヒカゲノカズラ門、トクサ門の植物、カヤツリグサ科、イネ科の植物は土壌水中のケイ酸濃度よりも植物体内のケイ酸濃度が高いため、積極的にケイ酸を吸収していると考えられている。

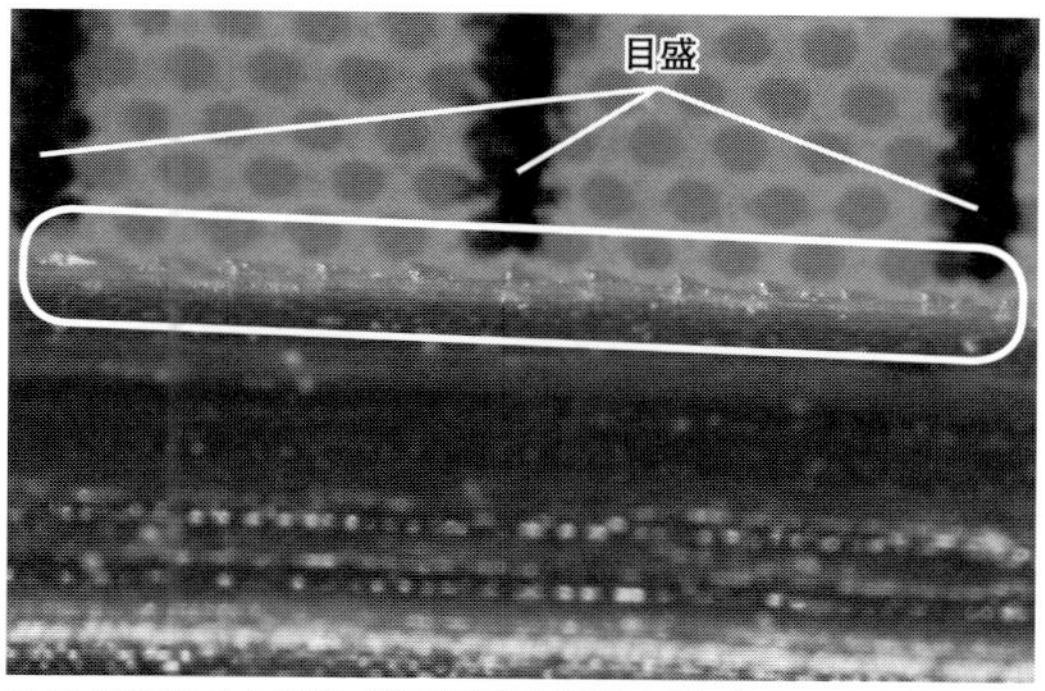

ススキの微細な鋸歯。縦の黒線と黒線の間が1㎜

ケイ酸はどのように役立っているのだろうか。ススキの葉の写真を撮って拡大してみると、縁に透明なギザギザのあることがわかる。線と線の間が1㎜なので、かなり微細な構造である。ライターなどで葉をあぶっても、この部分は燃えないで残る。シリカでできているのである。ススキの葉を素手で扱うと手を切ってしまうことがあるのは、このノコギリの歯のような部分のせいである。ちなみに筆者は幼稚園時代母親に連れられて仙台市内のススキ原を散歩しているときに、ススキの茎が赤いのは、ススキの葉で手を切った人の血を吸ったからだと教えられた。しばらく本気で信じていてススキは見るのも怖かったが、あれはススキを素手で触ると怪我をすると教えたかった母の親心だったのかもしれない。

実際、縁のギザギザにはバッタなどによる採食を少しでも妨害する機能があるのかもしれないが、昆虫にかじられたススキの葉を見ると、長い間の草食昆虫との間の共進化によって、もはや役に立っていると思えないが、なければさらに多くの昆虫に食べられ、被害はもっとひどくなるのかもしれない。

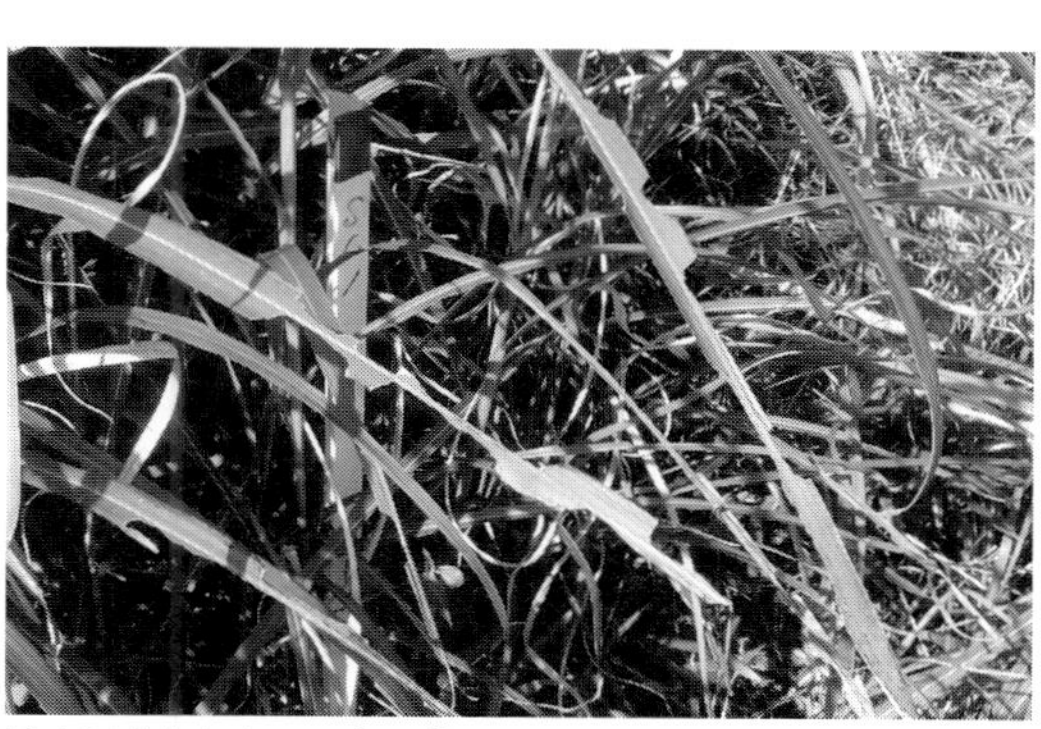
昆虫に食われたススキの葉

## ◇草食動物に食べられないための知恵

植物と草食動物との間の物言わぬ闘いは、一方が食べられないような仕組みを編み出すと、もう一方がそれを破って摂食する方法を身につける、といったある意味イタチごっこのような進化を続けてきた。これは一方の生物だけでは起こりえない進化なので、「共進化」と呼ばれる。他にも花粉を運ぶ昆虫と花の形の進化なども共進化の例として有名である。植物が動物の摂食に対抗するための防御には大きく分けて2つあると考えられている。化学的防御と物理的防御である。

化学的防御は、アルカロイドやタンニンのような化学物質を生産することによって草食動物の採食に対抗する方法である。アルカロイドなどの毒性の強い物質による質的な防御もあれば、タンニンのようにそれ自体に毒性はないが消化を妨げる物質を使った量的防御もある。これらの化学的防御に対し、トゲや栗のイガのような構造によって体を守るのが物理的防御である。イネ科の植物は体内にシリカを蓄えることでこの物理的防御を行なっている。草食獣に対しては、消化を妨げたり、歯を摩耗させたり、胆石を形成する効果もあるそうだ。

実際にタンザニアのセレンゲティ国立公園で草食動物による摂食の激しい地域とそうでない地域から採集したイネ科植物を比較した研究があるが、厳しく摂食されている地域の方がシリカ含量が高いことがわかっている。またコントロールされた栽培条件下で葉を除去するとシリカ含量が上がるという結果が出た。これらのことから、この地域のイネ科植物は摂食に対抗してシリカ含量を増やしていると考えられている。

## ◇水分保持と受光体勢の維持

さらに、シリカの効用は被食防御にとどまらない。乾燥環境への適応にもシリカが関係していると考えられている。植物は葉にある気孔を開いてそこから水を蒸発させると同時に、気孔から二酸化炭素を吸収して光合成を行なっている。しかし、気孔が閉じているはずの夜間にも葉から水分は失われている。これは葉の表面全体から水が蒸発しているからだ。この蒸発をクチクラ蒸散という。葉の表面はクチクラ層という層によってコーティングされており、簡単に水を失わない構造になっているが、その程度は植物によって異なる。イネ科植物の場合、通常のクチクラ層に加えてシリカの層やシリカ—セルロース層によって強力にクチクラ蒸散を抑制しているので、乾燥環境にも強いということになる。ケイ酸を欠如させた水で栽培したイネは夜間の蒸散量が約1・8倍になってしまうという研究もある。

また、イネ科植物群落の光合成は、細長い葉が立ち上がっている受光体勢によって光が有効に利用されていて、群落全体の光合成量が大きくなっているが、その受光体勢を保証しているのが、シリカによって補強された硬い葉であるといえる。実際にシリカ分の欠乏した水で栽培したイネ群落の収量は、葉が垂れてしまうことによる受光体勢の悪化により落ちることが知られている。

このようにイネ科植物にとってシリカは重要な物質である。シリカは火成岩やチャートなどの堆積岩にも多く含まれており、地上では普遍的に存在している物質であるが、水に溶けた状態で植物が利用するため、河川水中のシリカ濃度が重要となる。水稲を灌漑している河川水のシリカ濃度は地域によって違いがあり、とくに流域の地質が火山噴出物である場合に著しく高くなることが知られている。山間地でおいしいお米に出合ったら、それは水田に引いている川の水が上流の火山性の山からきているからなのかもしれない。

## ●萱を屋根葺きに使う理由

屋根葺き材に使う材料として、ススキを代表とするイネ科植物を使う理由としては、枯れても強度が十分であり、耐水性があって腐りにくいことが挙げられる。筑波大の安藤邦廣名誉教授(建築学)によれば、一般的な民家の場合、煮炊きによる煙で天井が燻されるため、耐用年数は30年ほどだそうだ。伊勢神宮の社殿はそれより短い20年で遷宮のため建て替えられる。これは、生活による煙がないため、虫や微生物がつきやすくなること、風通しが民家よりもよくないこと、などによるという。

いずれにせよ屋根葺きに使われるススキ、カリヤス、チガヤ、ヨシなどが揃ってイネ科植物であるのは、他の植物に比べてシリカ含量が多く、頑健な稈《かん》を持つためである。とくにススキはシリカ含量が約10%と高く、物理的強度も腐食に対する耐性も高いため、優秀な屋根葺き材であると言えよう。元をたどればアフリカ大陸の乾燥した気候のもと、草食動物に食べられないよう防御するために進化してきたイネ科の植物であるが、分布を広げていった先の日本列島の高温多雨で多湿な環境で、雨をしのぐための屋根葺き材として使われることになるとは、何とも面白い巡り合わせであると思う。

## ●ススキについて

ススキは屋根葺き材として最も普通に使われる素材であり、日本全国どこにでも生育している。ススキのひとつの特徴は、強酸性の黒ボク土で大群落を形成することである。腐植酸を大量に含むため、多くの植物にとって毒であるアルミニウムの多い黒ボク土であるが、ススキはアルミニウム耐性を持つため、ものともせずに群落をつくることができる。黒ボクが長期間の野焼きによって形づくられてきたのだとすれば、人間の営みが他の植物との競争を緩和し、ススキという単一の種が優占する群落を全国に広げていったのだといえる。

ススキはオバナとして秋の七草のひとつにも数えられており、古くから日本人に馴染みの植物である。そして本州では道

ススキの小花　基盤から多数毛が生えている

ばたから山の中まで至るところで見ることができ、萱場の植物としても最も普通である。花札の8月の柄がススキだが、旧暦の8月は新暦では秋分の日を含む8月下旬から10月上旬頃にあたるため、まさにススキが花茎を立ち上げて風に揺れる風情が単純化して柄に取り込まれていることになる。日本人の季節に対する感性を感じさせる。

ススキの学名は *Miscanthus sinensis* といい、イネ科ススキ属の植物である。属名の *Miscanthus* とは花の柄を意味しており、この属では小穂が2個セットで出るが、それぞれで柄の長さが違うという特徴からつけられているものらしい。ススキ属には、ほかにもオギやカリヤス、カリヤスモドキ、オオヒゲナガカリヤスモドキなど、萱場を構成する種類があるが、みな大型で屋根葺き材として利用しやすい。このうちオギだけが河川沿いの微高地に生育し、そのほかの種類はやや乾燥した立地に群落をつくる。ススキの種小名である *sinensis* は中国の、という意味であり、学名が記載された1855年当時は中国と日本に分布することが知られていた。実際にはそのほかにもサハリン南部からインドシナ半島、マレーシアにまで分布している。

ススキ属の植物はほかのイネ科植物同様よく似ているため、同定(種類を判別すること)は難しい。このうちススキに関しては、総《ふさ》の本数が10～25本と多いことや、葉の縁が手を切れるほどざらつくこと、冬に葉が枯れることなどから他の種と区別される。ただし、貧栄養なところで育ったものや、刈り取りの頻度が高い場所に生えるものは稈高も低くなり、総の本数も数本までと、かなり少なくなることがあるので、同定に迷うことも多い。また、ススキの花穂は出たばかりのときと、直立して枝(総)を広げ、開花しているとき、そして果実が熟して穂が開いているときでまったく印象が異なる。中秋の名月で月と一緒に描かれるススキは、果期のものなので穂はフワフワに見える。これは一つずつの小穂の基部に毛が生えているためで、これを利用してつくるススキのフクロウは部屋に吊しておくと、屋内で秋の風情を楽しめる。

### ◇ススキをめぐる風習

ススキを中秋の名月の際に供える風習は日本各地で見られる。そのほかにもススキの穂を屋根に挿して魔除けにする風習が全国にある。民俗学者の斎藤たまは1971年より全国を旅して民俗収集をし、その膨大な記録を本に残している。その中からススキに関するものを拾って紹介したい。佐渡では7月27

日の晩に、ススキの若穂をとって粥に入れ、食べると毒を除くとか、風邪をひかないという。また、新潟の六日町上薬師堂では赤痢や腸チフスが流行ったときに家の入り口にカヤの門をつくったそうだ。奄美大島の宇検村《うけんそん》生勝《いけがち》では、葬式にはススキの箸を使っていたという。実際に薬効があるかどうかはともかく、ススキがまじないや除災に選んで使われていたことは確かなようだ。こういった風習も現代にあってはおそらく廃れてしまって多くの場所では次世代には引き継がれていないだろう。無理からぬこととはいえ、非常に残念なことである。

## ●ササについて

ササは、イネ科の植物のうちタケ亜科に属している背の低い植物の総称である。タケ亜科はイネ科の中でも稈が木質化して、数年から数十年枯れずに残存する。日本ではすべて木本だが、海外では草本の属もあるそうだ。ササの類も同定が困難な種類のひとつである。普通の植物で同定のカギとなる花が数十年に一度しか咲かないうえに、イネ科であるので葉や稈の形態もよく似ている。

ササの仲間でもっとも身近に見られるのがネザサ、アズマネザサであろう。どちらも稈高が最大で３ｍ程度になり、明るい林縁では密な群落をつくる。里山林でも、林冠が鬱閉して林内が暗い場所では稈高は膝の高さ程度になり、密度もまばらである。ところが里山整備によって林内が明るくなると、息を吹き返し、密度も稈高も高くなり、樹木の更新を妨げる。つまり次世代の樹木が育たなくなるのでこういったササは厄介者扱いされることが多い。

しかし、一方でネザサは昔から強度の刈り込みや放牧による家畜の採食にも耐えて群落を形成するので、古くから利用されてきた。西日本に多く見られたネザサ草地は、秋季には牛の乾物摂取量と消化率が低下することが知られているものの、夏季には放牧や刈り干しによって家畜の餌を提供してきた。岐阜県揖斐川町春日の茶草場ではネザサもススキと同様に刈り取って茶畑に敷き込んでいる。

「ランドスケープ研究」(２００５年５月号)誌上に小川菜穂子らは、京都府の丹後半島の笹葺き屋根の集落の変遷についてまとめている。それによれば、鳥取、兵庫、京都、石川の日本海側の一部、および北海道と沖縄の一部でも笹が屋根葺き材に使用されているそうである。丹後半島でチマキザサが屋根葺きに使われる理由はススキやチガヤと比較して身近に大量に存在すること、乾燥させずに使えるため使い勝手がよかったことなどが挙げられている。

ほかにもチマキザサはその名の通り各地で粽(チマキ)や笹団子を包むのに利用されているし、日本海側の多雪地で群落を形成するチシマザサは、そのタケノコを山菜として利用し、水煮の缶詰が出荷されるなどそれぞれが山村の経済的資源として扱われている。

このように刈っても刈っても生えてくるササ類は、昔の日本人の暮らしでは利用しがいのある資源だったに違いない。そういった点からは里山から産み出されるその他の自然資源と同じく持続可能な利用がなされてきたと言える。萱場の利用と同様、おのおのの利用は経済的には大きな収入をもたらさないであろうが、現代でもそれぞれが山村や里山に小さいながらも経済的価値を生み出してくれるのではないかと期待したい。その一例としてチマキザサの利用について述べる。

### ◇チマキザサでモノを包む

京都市北部では昔からチュウゴクザサ(*Sasa veitchii var. hirsuta*)の葉を採集し、京都の伝統的な和菓子や生麩、寿司、粽などを包む目的で商品として出荷されていた。ここでは天然生林下、つまり里山林の林内に生育するチュウゴクザサの当年枝の葉のうち、条件に合ったものを採集している。半自然である萱場の管理のように刈り取りや火入れを行なっているわけではないので、どちらかと言えば山菜のように採集型の資源利用である。

しかし、近年里山林の利用がなされなくなって林冠が鬱閉してきたことにより、林内が暗くなって当年枝が出にくくなって目的とする葉が集めにくくなっているそうだ。ササは陽地を好む植物なので、林が完全に鬱閉してしまっては元気を失ってしまう。さりとて光がよく当たる場所では風に当たって葉が傷ついたり、色が変わったりして商品価値がなくなってしまうのだろう。管理されて適度に光の差し込む里山林がちょうどいい環境であるのかもしれない。これは採集型の資源利用であっても、間接的に里山管理の影響を受けている一例であると考えられる。ササの葉の生産を目的として里山林の管理をしていたわけではないのだろうが、結果的に手を入れていた自然が炭のほかにもササ葉という恵みをもたらす。このことは里山と人との関わりを考えるうえで重要なポイントであるように思う。

## ●ヨシについて

ヨシは水辺に生育するイネ科草本で、水中に張り巡らせた地下茎から水上に稈を出す抽水植物である。茎と根茎が中空になっているため、根まで酸素を供給することができ、水深1mくらいの場所でも酸欠状態にならずに根を伸ばすことができる。稈高は2～4mであり、大型の草本でもある。緩やかな水流のところで群落を形成するが、河口部ではとくに大きな群落を形成する。似たような環境に生育し、稈高2・5mになり、時に大群落をつくる植物にオギ(*Miscanthus sacchariflorus*)があるが、こちらはススキ属の植物である。ヨシよりは少しだけ水から離れて高い場所に生えるため、ヨシとは棲み分けている。オギもヨシやススキと同様に屋根葺き材として使われる。

ヨシは古来アシと呼ばれ、古事記では伊邪那岐命と伊邪那美命の間に初めて産まれた子である水蛭子《ひるこ》が葦舟に乗せて流されるし、日本国が「葦《あし》原中国《わらのなかつくに》」と表現されていることから古い呼称であることがしのばれる。当時の日本の人々の生活圏内にアシは普通であったのだろう。その後アシが「悪し」を連想させることからヨシの名前が定着した。学名は *Phragmites australis* である。属名の *Phragmites* はギリシャ語で垣根を意味していて、水辺に垣根状に生えることからついた名前であるらしい。種小名の *australis* は南半球の、という意味で、オーストラリアのものを元にこの種が初めて記載されたことによる。しかし種としての分布は南半球に限定されず、世界の暖温帯から寒温帯まで広く分布するコスモポリタンな種である。

河口部のヨシ群落

**◇琵琶湖とヨシ帯**

里山がまだ普通に使われていた戦後しばらくの昭和の時代には、河川の水質は今とは比べものにならないくらいきれいだった。筆者の大学時代の恩師の一人である陸水学者の三浦泰蔵氏から聞いた話であるが、昭和30年代の琵琶湖、それも南湖では、湖岸で釣りをした後にお弁当を食べ、そのまま弁当箱で湖水をすくって飲むことができたほどの水質だったそうだ。このきれいな水には当時琵琶湖岸に広く分布していたヨシ帯が貢献している。ヨシ帯は水中の窒素やリンを除去する働きがあり、多くの研究でそのことが確かめられている。

これらの水質浄化に関する研究で共通して指摘されているのは、ヨシ帯は栄養塩や汚濁物質の取り込みを行なうが、必ずしも分解が行なわれるわけではなく、そのままでは植物体内に蓄積していってしまうという点である。昔の琵琶湖の水質が保たれていたのは、ヨシ帯が存在していただけではなく、葦簀や屋根葺き材などに利用するため毎年刈り取りが行なわれて湿地外にヨシが持ち出されていたからに他ならない。琵琶湖では高度経済成長期に、総合開発の一環で湖岸堤が整備されたが、元々の汀線から湖側に建設されたところが多いため、沿岸のヨシ帯の多くが失われてしまった。ほかにも水位の調整による生育地の陸地化、大規模な生育地であった内湖の干拓、河川整備による琵琶湖への砂の供給の減少などがヨシ帯の減少に拍車をかけた。さらに生活排水の流入などにより水質が悪化、とくに平均水深が4mと浅い南湖は、人口密集地が近いこともあって、かつてのような美しい湖岸風景と水質は失われてしまった。

現在では滋賀県琵琶湖のヨシ群落の保全に関する条例が１９９２年に公布され、失われたヨシ帯を取り戻す取り組みが続いている。また、生活排水に関しても、１９７０年代に石けん運動として知られる、市民による合成洗剤の使用をやめて粉石けんを使う運動を経て、現在では無リン洗剤が開発され、琵琶湖の水質は大きく改善した。

　里山の自然に共通して言えることであるが、生態系としての機能を発揮させることと、自然の利用が密接に結びついている。使ってこそ保たれるのが里山の自然であり、琵琶湖岸の湿地帯ではヨシがその機能の中心を担っているといえよう。

## ●チガヤについて

　チガヤはイネ科チガヤ属の草本植物である。葉だけでみるとススキと大差ない外観をしているので、花穂が出ていない時期には見分けるのが難しい。ただし、ススキは株立ちするが、チガヤは地下茎からまばらに稈を出すので群落の印象が異なる。また、ススキの花穂は秋に出るが、チガヤの花穂は本州では5～6月に伸長し、開花するのでその時期には区別が容易になる。花穂は銀白色で動物の尻尾状であり、揃って風になびく姿は美しい。

堤防のチガヤ草地

　チガヤは硬い鱗片に覆われた長い地下茎を伸ばす。時には進んでいく先にある球根を貫いて伸びることもある。日当たりのよい河原や、堤防、田の畦などに群生し、日本全土で普通に見られる。古名をツバナといい、万葉集に詠まれている。若い花穂は噛むと甘みがあるというが、筆者は食べたことがない。まだ穂が出きっておらず、葉鞘の中に隠れているときが食べ頃なのだが、開いて食べ頃を過ぎたものはモシャモシャとした口触りだけでまったく良いものとは思えない。機会があれば甘さを確かめてみたいものである。根茎は漢方薬の白茅根《はくぼうこん》として止血、利尿、発汗の効果があるとされる。チガヤには「茅《かや》」の字を当てるが、屋根葺き材としても使われることがある。ただし、ススキに比べて高くなく、花茎は30～70㎝と、散生するため量を確保するのには骨が折れると思われ、補完的に使われていたのではな

球根をつくる多年草のツルボの鱗茎を貫いて伸びるチガヤの地下茎

いかと推測する。

## ●スゲについて

菅笠、菅蓑などに使われるスゲはカヤツリグサ科スゲ属の植物である。スゲ属(*Carex*)は日本国内だけでも252種、世界では約2000種あるという大きなグループである。イネ科とよく似た形態をしているが、果実が果苞に包まれていたり、茎の断面が三角形であるなどの違いがある。またイネ科同様、同定には小穂を分解してルーペで果苞や果実の形態をみなければいけないものも多く、見分けられるようになるには熟練を要する。とくに果実無し、葉だけでの同定は難しい。スゲ属の中には、菅笠に使われるカサスゲや、蓑や籠をつくる材料とされる常緑のカンスゲ、海岸の砂浜で群落をつくり、飢饉のときに種子を食べたというコウボウムギなど利用されてきた種もあるが、グループの大きさからすると、使われてきた種は少ないといえる。

岐阜県揖斐川町春日の笹又地区では、小さな蓑を農作業の際に使っているが、蓑を編むのに最も適しているのが地元で「ナキリ」と呼ばれるスゲ属の植物である。笹又ではこの菅を刈りに集落からかなり登った萱場まで上がって自生するものを刈っていたそうだ。刈るのに適した時期は夏前であり、そのときには植物はまだ実をつけていないそうである。ナキリスゲであったとすれば果期は秋であるため、刈り取りの時期とは合わないことになる。既に茹でてある材料の葉を見ただけでは同定は難しい。そういうわけでこの植物の正体が何であるかまだ確認できていない。他の植物ではダメなのか、一着編むのにどのくらいの量が必要なのか、編む前の下ごしらえはどのようにするか、など興味は尽きない。萱場にはこの「ナキリ」のように昔からの利用が現在では途絶えようとしているものが数多くあると思われるが、文化的な意味でも、里山の新しい利用を考えるヒントという意味でも、利用が途絶える前に記録をとっておくことが重要だと思う。

ナキリで編んだ蓑

（柳沢　直）

## 主な萱場・草地

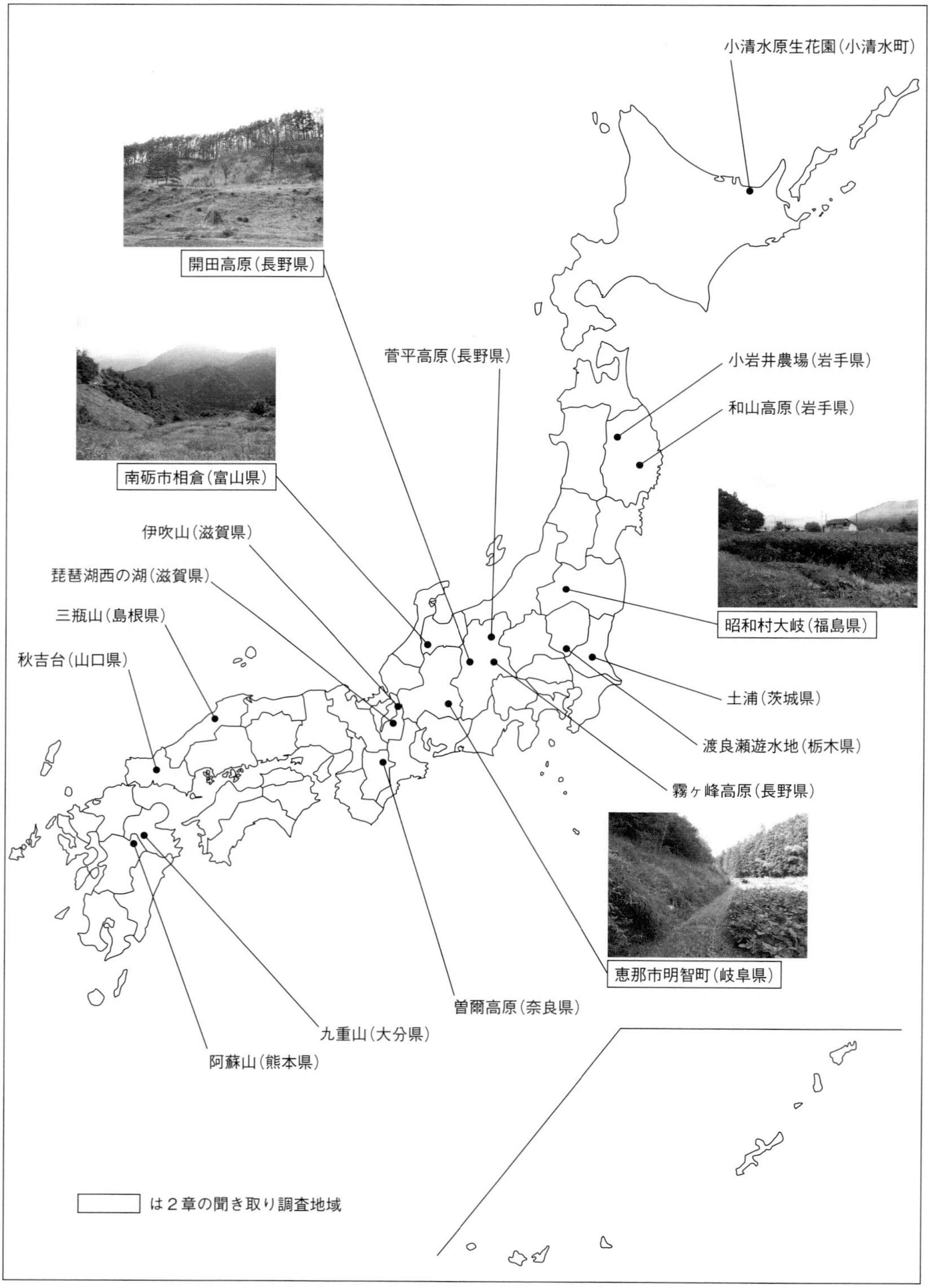
小清水原生花園(小清水町)
開田高原(長野県)
菅平高原(長野県)
小岩井農場(岩手県)
和山高原(岩手県)
南砺市相倉(富山県)
伊吹山(滋賀県)
琵琶湖西の湖(滋賀県)
三瓶山(島根県)
秋吉台(山口県)
昭和村大岐(福島県)
土浦(茨城県)
渡良瀬遊水地(栃木県)
霧ヶ峰高原(長野県)
恵那市明智町(岐阜県)
曽爾高原(奈良県)
九重山(大分県)
阿蘇山(熊本県)
は２章の聞き取り調査地域

# 2章

# 萱場利用の歴史

# 茅場と植物と集落と日本の里山

## ●日本人と自然のつき合い

夏の日の朝は、草刈機のブーンという音で目が覚める。近所の人があちこちで田んぼの畦や道の脇の草を刈っているのだ。時折刃が石に当たってチャリン、シャリンという甲高い音が混じっているのが聞こえてくる。早朝から刈っているのは、暑くなる前に一仕事片づけてしまわないと、あとが大変だからであろう。

草刈りをしたばかりの道を散歩すると、刈られたばかりの青草の匂いが漂ってくる。田んぼの稲も大きくなって青々と風にそよいでいるが、その上をトンボが、稲の株の間をカエルが忙しそうに行き交っているのが見える。こういった情景は一昔前なら日本中どこでも見られたし、現在でも都市近郊の水田の多い地区に行けばそう珍しい光景でもない。この情景にノスタルジーを感じる大人は多いのではないだろうか。美しい田園風景は日本の宝であり、最近では里山という言葉で呼ばれることの多くなったその景観は、日本人の心になぜか響くものがある。

しかし、この美しい田園風景を守っているのは日本人の勤勉さと、畦をきちんとしておかなければいけないという美意識であると思う。よその田んぼはきれいに草刈りしてあるのに自分の所だけ草ぼうぼうだったら、ご先祖様に申し訳が立たないし、何よりご近所に顔が立たない、よく聞く話である。とはいっても初夏から夏にかけての草の生長速度はすさまじい。刈っても刈っても、1週間も経たないうちに元の高さに戻ってしまう。動力がエンジンとはいえ、夏の気温の高い時期の草刈りはとくに大変な重労働である。美しい景観などいくらきれいごとを言ってみたところで、結局刈るのは人間なのである。しかし、延々と繰り返されてきたこの作業が守ってきたものは美しい景観だけではない。秋の七草をはじめとする山野草や、身近な野草の多くは適切に管理された草地に暮らしている。除草剤を使えば草刈りの手間は省けるが、使わなければカエルもトンボも魚も生活できる豊かな田んぼが維持できる。豊かな暮らしとは、自然が直接自分たちの暮らしに役に立つものでなくてもそれを愛で、季節の移り変わりを実感できる生活なのではないだろうか。

放っておくとあっという間に伸びてしまう草。これは裏を返せば日本の自然の生産性の高さを表している。2016年にドイツを訪れる機会があったが、彼の地では市電の軌道敷の間に草が生やしてある。レールとレールの間も例外ではない。このような管理は草の生長の早い日本では考えられない。日本だったらあっという間に草ぼうぼうである。しかしドイツ中部のこの都市(シュツットガルト市)では年間降水量が700㎜程度

シュツットガルト市の市電線路

と、東京の半分くらいしかなく、年平均気温も9・3℃と低いので草の生長も遅いため、管理も楽なのだと思われる。もっとも日本と違って原子力発電所の全廃を決め、自然エネルギーにシフトしようと努力しているドイツからみれば、特別な管理をしないでも草が著しい生長を見せる日本の自然は羨ましいに違いない。自然エネルギーであるバイオマス燃料の生産が容易だからだ。

日本の自然は実に恵まれている。「あとは野となれ山となれ」という諺がある。解釈すれば、伐採して放っておいても、あとは野(原)になるか山(森林)になるわけだから、どうとでもなる、ということだ。この背景には、著しく生産力の高い日本の自然があると考えられる。しかし江戸時代に入ってから、この豊かな生産力をもってしてもまかなえないほどの人口の増加と、一部地域への利用の集中、そして燃料を多く使う製塩業などの産業が盛んになったことにより、全国ではげ山や荒れ地が発生した。

とはいえ、総体的には日本人は自然とうまくつき合ってきたといえる。資源の利用については一定のルールがあり、自然の生産力を超えない範囲で利用を行ない、過収奪にならないよう工夫していた。たとえば岐阜県各務原市のある集落では、持山で1年に一度春にめいめいの家で鎌、鉈を使って薪を採集していたが、1軒で20束までという制限があったそうだ。さらには1人で使える縄の長さは四十尋(およそ60m)と決められており、採取されすぎないよう細かく規制されていたことがわかる。このような取り決めは日本全国の入会林野で普通であり、戦後しばらく生活燃料を山に頼っていた間には生きていたルールであった。日本よりもかなり前の時代に過収奪を起こして多くの森林が消失したイギリスやドイツと比較すると、植物の生長の速い気候条件に助けられていたとはいえ、日本人は自然をうまく利用できていたと考えても間違いではあるまい。

## ●照葉樹林文化と日本

民族学者の佐々木高明は『照葉樹林文化への道』の中で、アジア・モンスーン地域の照葉樹林帯に共通な文化として照葉樹林文化を提唱していた。照葉樹林帯は気候が温暖で降水量も多く、水稲栽培に適している地域でもあるが、日本列島にはイネは元々自生しておらず、大陸から持ち込まれた。一方、東南アジアの熱帯地域ではタロイモ、ヤムイモ、バナナ、サトウキビなどの、種子を介さずに脇芽や株分け、挿芽など、植物の持つ栄養繁殖能力を最大限利用して植え付ける作物が多く栽培されてきた。これらの作物を中心とした文化を根栽農耕文化と呼び、文化の発展段階の初期にあたるとする考えもあった。

しかし、日本列島は熱帯と異なり冬季の気候が根菜類の栽培には厳しいので、栽培できる作物はナガイモやサトイモなどに限られる。そのため、日本では古くはアワやキビ、モロコシ、ヒエ、ソバなどの雑穀類と大豆、小豆などの豆類も加えられ、焼畑でこれらの作物が栽培されていたという。さらに焼畑が行なわれる以前は採集・半栽培文化があったとされ、この段階では自然にあるものを採集することになるので、その地域の自然の制約をもっとも受けやすいといえる。照葉樹林帯に共通な文化がわかりやすく見えるのもこの段階だと思われる。たとえば、水にさらして毒やアクを抜くという方法がある。こういった方法は大陸まで連なる照葉樹林帯に共通してみられる技術である。

今でも水にさらしてアクを抜くことによって食用にしている植物は多い。トチノキの種子、クズ、ワラビの地下茎などは、それぞれアクを抜いたのちに栃餅、葛粉、蕨粉として食用に供されている。もっとも現在、葛粉、蕨粉に関しては食用、工業用の澱粉利用用量の中では無視できる量であり、生産量は農林水産統計にも載ってこない。採集・半栽培が普通だった時代にこういった植物を集めようとした場合、一つひとつ野生の自生地を探して集めるしかなかったのだろうか。実際にはそうではなく、栽培する前の段階として、目的の植物が生えやすい環境をつくり出してやったり、その植物だけ選んで切り残すなどすることで、種を播いて栽培しなくても、その植物の多い自然に誘導することが可能であったと考えられる。他にも、食べ残しの果実が勝手に芽を出して集落の周辺に増えることもありそうである。この場合は意識せずに栽培化の前段階を行なっているとも言える。実際に青森県の三内丸山遺跡で出土したクリ果実の遺伝解析を行なったところ、自然状態の林分よりも遺伝的に均質な集団であることがわかったそうだ。これは栽培化が既に始まっていたためではないかとも考えられている。

それではワラビを増やすにはどうしたらよいだろうか。ワラビは草原性のシダ植物であり、明るく開けた環境を好む。とくに野を焼き払ったあとに多く生えることが知られている。岐阜県各務原市と岐阜市の境界で2002年4月に内陸としては大規模な、焼

ワラビの優占する草地

失面積410haの山火事が発生した。避難勧告も出て多くの住民が避難し、ヘリによる放水も行なわれたが、折からの北西の乾いた季節風にあおられて火の勢いはなかなか衰えず、鎮火には丸1日以上を要した。この火事以降、山火事跡地に調査に入ったが、毎回、いっぱいにワラビを詰め込んだスーパーのビニール袋を両手にさげて山から下りてくる人たちに出会った。山火事が起きればワラビが採れるということを、皆さんご存知なわけである。実際に自然発火し燃えてしまった草原や、野焼きを行なって人為的に火事を発生させることで、効率よくワラビを採集することが可能なわけだが、この場合は株をわざわざ植えているわけではないので、栽培とはいえず、半栽培の段階といえるだろう。この火入れによって草原を維持する管理方法は、刈り取り、放牧と並んで現在でも草地管理の重要な手段のひとつとなっている。

## ●焼畑農耕

暮らしの手段の一部としての焼畑農耕は、日本では1970年代にほぼ消失した。しかし焼畑そのものは、文化的な伝統を受け継いだり、地域野菜の伝統品種を継代栽培する目的でいくつかの地域において今も行なわれている。なかには21世紀に入ってから、前世紀に途絶えていた焼畑を復活させた地域もある。そのひとつが滋賀県湖北地方にあり、地元と大学や社団法人が一体となって「ヤキバタ」を復活、継続させている。火入れは草地管理の手法のひとつでもあり、関連する事柄も多そうである。2017年夏に焼畑作業のクライマックスである火入れと、伝統野菜である山カブラの播種に参加したので、その様子について記しておきたい。

滋賀県長浜市余呉町では、1960年代まで山の斜面を利用した焼畑が盛んだった。現在では、2007年8月より復活した焼畑が場所を変えて行なわれている。今回は滋賀県での焼畑の復興を目指している「火野山ひろば」という団体を中心として、余呉焼畑山カブラ保存会、京都大学生存基盤科学研究ユニット、東南アジア研究所実践型地域研究推進室が主催、共催団体として、滋賀県立大学伝統農林業研究会、一般社団法人あいあいネットの協力のもと行なわれた。他にも岐阜大学や信州大学、岐阜県立森林文化アカデミーからも教員や学生が多数参加し、総勢57名の参加者は過去最多だそうだ。これには東日本大震災以降の持続可能社会への関心の高さが関係しているようにも思える。

焼畑が行なわれた場所は長浜市余呉町中河内の山麓斜面である。焼畑はこの場所の南に位置する摺墨という集落に住んでおられた、永井邦太郎氏の指導でスタートしている。永井氏は現在残念ながらご存命ではないのだが、福井県で焼畑を続けている団体からも毎年メンバーが訪れ、作業の指導をしてくださっているそうである。焼畑は初年度には大きく分けて、伐採、火入れ、播種、間引き、収穫という作業が必要であるが、今回はその中の火入れと播種を1日で行なうというスケジュールであった。

現場の斜面は南北に沿って走る断層を通る国道365号線沿いにある。周囲に集落はなく、所々にスギの植林地が広がっている。斜面の樹木の根元は大きく曲がっており、冬季の積雪が深いことを示している。国道から現場の斜面までは5分とかからないのだが、道は山裾の傾斜の比較的緩い所を進んでゆく。一昨年に焼いた所はワラビが優占する斜面にススキの株が混じるといった景観になっていた。その先の昨年に焼いた斜面はヨモギとメナモミが混じって生えており、異なった景観を見せていた。ワラビは火入れのあとで優占することが多い植物であるという。断定はできないが、一昨年は今までで最もよく「焼けた」年だったそうで、そのことがワラビの多い景観と関係しているかもしれない。

ワラビとススキの混生する景観

手前に生えているのがヨモギ

今年の野焼き予定地は、昨年、一昨年の斜面のさらに奥、斜面の上方にある。前の場所が若干傾斜の緩い斜面株の崖錐上にあったのに対し、今回の場所は崖錐の上方、現在も地表面の土の移動が起きている急斜面である。傾斜は測定していないが、おそらく35~40度くらいであろうか。足元が崩れやすいので、斜面上方に移動するのはあたりの木に掴まりながらでないと難しい。気を抜くと足が滑ってしまい、そのままの姿勢で音を立てて1mほど斜面をズルズルと下っていってしまう。焼畑予定地はおよそ20m四方くらいであり、3週間ほど前に伐採が終えられている。既に防火用のトタン板が風上側に、消火用の水タンク、エンジン付きポンプとホースが風下側に設置してあった。私た

火消し用のスギの枝　生葉でないと火が移る

ち森林文化アカデミーの教員と学生は、火の粉が飛んだときの消火用に使うスギの枝を採集しに近くのスギ林に出かけた。めいめいがこの枝を持って万一火の粉がエリア外に飛んだときに叩いて消すのである。そのためにはある程度枝が長くて、枝に火がつかないよう生の葉がついているものがよいとのことであった。

### ◇焼畑の火入れ作業

周囲であらかじめ刈って乾かしておいた燃料用のササを集めてきて準備完了である。祝詞をあげて、酒と塩で周りを清める。10時半頃いよいよ野焼きの開始である。野焼きというと、背よりも高い炎が横一列になって吹き上げているイメージが想像されるが、実際にはコントロールできるよう、斜面上端の小さいエリアから順番に少しずつ燃やしていくため、炎は高く上がらない。地表近くをゆっくり燃やすことで雑草の種を殺したり、燃え残りが少なくなるよう地表面に燃え種が接するようにするそうだ。大きな幹や枝はなるべく乾いた草やササ、小枝などの上に置き、すぐに燃えてしまわないようにするらしい。

火入れ前に祝詞をあげる

今回は伐採から火入れまでの間、朝に雨が降る日が多く、燃え種が湿っているせいか火の周りが遅いとのことだった。燃料として乾燥したササが追加される。ほとんどの参加者は私も含めて燃えている間は出番がなく、周囲から火を扱う作業の様子を見学していた。火の管理に関する作業には、燃え種を火の近くにかき寄せたり、風下側でエリア外に火が飛ばないようホースで消火したり、地面を掻いて土壌を剥き出しにすることで火がそれ以上拡がらないようにしたりすることなどがあった。素人目には簡単に見える作業でも、刻々と変わる風向きと、燃え

火入れの様子

刈っておいたササを助燃剤にくべる

方を勘案しながらの作業は、かなりの経験を必要とするのではないかと思われた。

### ◇山カブラの播種

お昼をはさんで現場に戻り、今度は山カブラの播種である。山カブラは前述の永井邦太郎氏が各集落で焼畑に播いていたものを継続して栽培する形で保存していたものである。とくに品種名などはなく、この地方では単に「山カブラ」と呼んでいたそうだ。山カブラは外側が赤く、中心部は白いが、漬け物にすると中心まで赤くなるという。味は平場の畑でつくるよりも甘みがあってシャキシャキとした歯ごたえがあるのが特徴だそうである。以前は各集落で山カブラの形質が違っていたそうであるが、保存されていた種を播いてみたところ、色々な形質のものが混じっていることがわかった。そこで、焼畑で栽培したカブの種を採集して滋賀県立大に持ち帰り、形質ごとに分けて栽培し、得た種を使っているとのことだった。今回は形質の違うものは場所を分けて播いていた。

燃えたあとの灰を土と混ぜる

山カブラの種子（丸印）は小さい

種を播く前に、鍬を使って灰と表層数センチの土をよく混ぜる。灰だけだと種子の発芽率が落ちるのだそうだ。種はまんべんなく手首のスナップを効かせながら播くだけ。普通畑では畝をつくって地面に穴をあけ、そこに種を落としてから土をかぶせる作物が多いが、山カブラはこれで十分なのだそうである。落ちた種子は土の隙間に乗っているだけである。これでも自然の雨などを吸って発芽するらしい。地面に指を突っ込んでみると、少し熱めの温泉に浸かった感じであるから、およそ45℃くらいなのではないだろうか。それでも発芽するのは驚きに感じられた。

この地方では、かつてはカブだけでなく、いくつかの作物を順番に焼畑で栽培していた。一例をあげると、ソバ→ヒエ→アズキ→エゴマというパターンや、カブラ→アズキ→アズキ→アズキ→エゴマ、というパターンなど畑の広さと土質によるよって栽培の仕方を見極めていたようだ。エゴマを栽培したあとは何年か耕作を停止して休閑期とした。ちなみに8月に播種して11月の中旬までに収穫していたそうだから、手間はかかるがか

山裾に見られる「カヤバシ」（斜線部）

なりの短時間で収穫が見込めたことになる。

### ◇採草目的の野焼き

余呉地域では、林を焼いて作物を栽培する「ヤキバタ」のほかに、「カヤバシ」といって採草を目的とした草地も野焼きで維持していた。こういった林は今でも山間部の道沿いにその名残を見ることができる。規模は大きくないが、上質な草を得るために火入れは欠かせない管理だったようである。カヤバシは山裾にあることが多い。雪が雪崩れて林の成立しにくい山裾を草地として使っていたのは、昔の人の知恵なのだろう。

こういった野焼きでは、焼畑であっても草地管理であっても言えることだが、経験知が重要である。まず適地を見極めること、火入れの時期と天候を読むこと、現場で火をコントロールすること、など、実際にやってみないとわからないことが多い。野焼きを始める際には現場かその近くで経験をお持ちの方に頼ると安心だ。ちなみに火を使うことについては、山火事に直結する作業でもあるため、違法であったり許可が下りにくいような印象を受けるが、野焼き自体は延焼防止の対策をきちんとしたうえで消防署に事前に届ければ問題なく行なえるそうである。後述するが野焼きは最も効率よく草地を管理できる方法でもあるので、安全に気をつけながら経験知を受け継ぎ、試行を重ねながら経験を積んでいただきたいと思う。

## ●稲作の普及

稲作が生業として行なわれるようになったのが弥生時代の始まりである。縄文時代にもイネは栽培されていたが、大規模に栽培されることはなく、その他の作物に混じって栽培される程度だったらしい。水田での水稲の栽培が開始され、ha当たり1t程度の収穫が見込めるようになり、生産性は著しく向上した。現代の主要な穀物であるイネ、コムギ、トウモロコシを現在の技術で栽培した場合、収穫量を乾重で比較するとha当たり米が5t、小麦が3t、トウモロコシが5t程度である。トウモロコシは乾燥、高温条件下で効率的な光合成のできる光合成系を持つ$C_4$植物であるので直接比較できないが、同じ$C_3$植物であるイネとコムギを比較した場合の収量の差は著しい。これにはイネが水田で常に水が豊富な状態で栽培されるため、水ストレス状態におかれることが皆無であることが関係している。

ただし、栽培のためには生育期間に絶え間ない水の供給が必要であり、その水をどうやって供給するかが問題になる。そのため、平野部の低湿地帯に人工水路が整備されたと考えられている。河川の後背湿地であれば、水の供給には事欠かないが、同時に排水もうまく行なう必要がある。こういった工事をして規模の大きな水田耕作を行なうためには、少人数では不十分で、統制のとれたある程度大きな社会組織が必要だったに違いない。一方で米の労働生産性は高く、多くの人口を養うことができたはずなので、人口は大きく増加したであろう。石川英輔は『大江戸えねるぎー事情』の中で、江戸時代の稲作と現代の稲作のエネルギー効率を簡単な仮定を入れることで計算し、比較している。その結果が興味深いのでここで紹介したい。

それによれば江戸時代の反収をha当たり2・4tと仮定し、3人が半年間1haの田んぼにかかりきりで米を生産した場合、稲作に使うエネルギーを1日当たり1000kcalとして、投入エネルギーが、54万kcalとなる。一方で、生産される米の熱量は、1kg当たり3400kcalなので、2・4tでは820万kcalとなる。カロリーベースで実に15倍のエネルギーを取り出すことができる計算になる。恐るべきエネルギー効率である。これに対して現代ではha当たり5tの反収があるので、面積当たりの生産性は江戸時代の約2倍であるといえる。しかし化石燃料に頼って動力付きの農機具を使用するので、投入したエネルギーの1・5倍程度のカロリーしか得ることができない。面積当たりの生産性でいえば現代は2倍効率的だが、投入エネルギーでみると江戸時代に比べて10分の1の効率にすぎない。

## ◇稲作と草刈りの歴史

話が脇道にそれてしまったので元に戻そう。平野部が開拓されたのち、稲作は中山間地に広がっていったと考えられる。中山間地の場合、河川からの用水によって水を供給することが難しいため、ため池をつくって貯水してから田に落として水を供給する方法がとられるようになった。中山間地では土地の傾斜が平野部と比較して大きいため、斜面に水平な田んぼをつくると、段々畑にせざるを得ない。これが日本の原風景ともいわれる棚田である。棚田ではどうしても上段の田と下段の田の間に法面ができてしまう。この法面は、放っておくと丈の高い草に覆われるか、樹林化してしまい、田んぼで栽培しているイネの日当たりを邪魔してしまう。また、イネの害虫を発生させる温床にもなると考えられてきた。そのためイネの生育期間はこまめに畦の草刈りがされることになる。場所によっては1年に10数回もの草刈りが行なわれる。

そこで本章の冒頭で述べた状況になるわけである。この労働は馬鹿にならない。1カ所当たりは小さくても、ひょっとすると日本全国で草刈りをしている畦の面積は相当になるかもしれない。ただし、最近では除草剤を使用するか、防草シートで覆ってしまうという方法で畦の草が防除される場所も見られるようになってきた。担い手不足や担い手の高齢化のため、致し方ない点はあるのだろうが、田に暮らす生き物にとっては有り難い状況とは言えない。さらに除草剤については安全性が確認されているとはいえ、毎日口にする米がそのような田んぼでつくられているとなると、気分のよいものではない。また、トンボやカエルなど田んぼに暮らす生き物に対する影響は大きい。草刈りをする人手をどう確保するのか、シンプルな問題だが、日本の自然に与える影響は小さくないのではないだろうか。

稲作が導入されてから、この草刈りはご先祖様から代々受け継がれてきた労働である。昔、草は資源であったため、刈った草はそのまま田んぼに入れて緑肥にしたり、毎日の家畜の飼料に使われていた。こういった草刈りは日本人が稲作を続けている以上、一度も途切れること無く続いてきた営みであるといえる。その期間はおよそ2500年にも及ぶ。地史的なスケールでみると瞬きにも足りないくらいの短い時間ではあるが、人間による管理に応じて生き物が住み着くには十分すぎる時間である。こうして管理されてきた草地には、おなじみの多くの動植物が暮らしている。

## ●里山は稲作を中心とした生態系

こうして稲作が伝来することによって、日本の農耕環境は一通りの完成をみたといってよいだろう。水田を中心として、ため池、用水路、草地、畑、雑木林、住居などがコンパクトに配置された農村景観、すなわち里山の完成である(図1)。田端英雄『里山の自然』によれば、「里山とは昔から薪や柴をとったり、炭を焼いたり、落葉をかいて肥料にしたり、葉のついた枝や低木を伐って刈敷にしたり、山菜をとったりというように、さまざまな形で繰り返し繰り返し人間が利用してきた自然である」と述べている。また、「里山林は(中略)農業と密接なつながりをもっているので、里山林だけでなくそれに隣接する中山間地の水田やため池や用水路、茅場なども含めた景観を里山と呼ぶことにする」としている。

図1　里山の完成

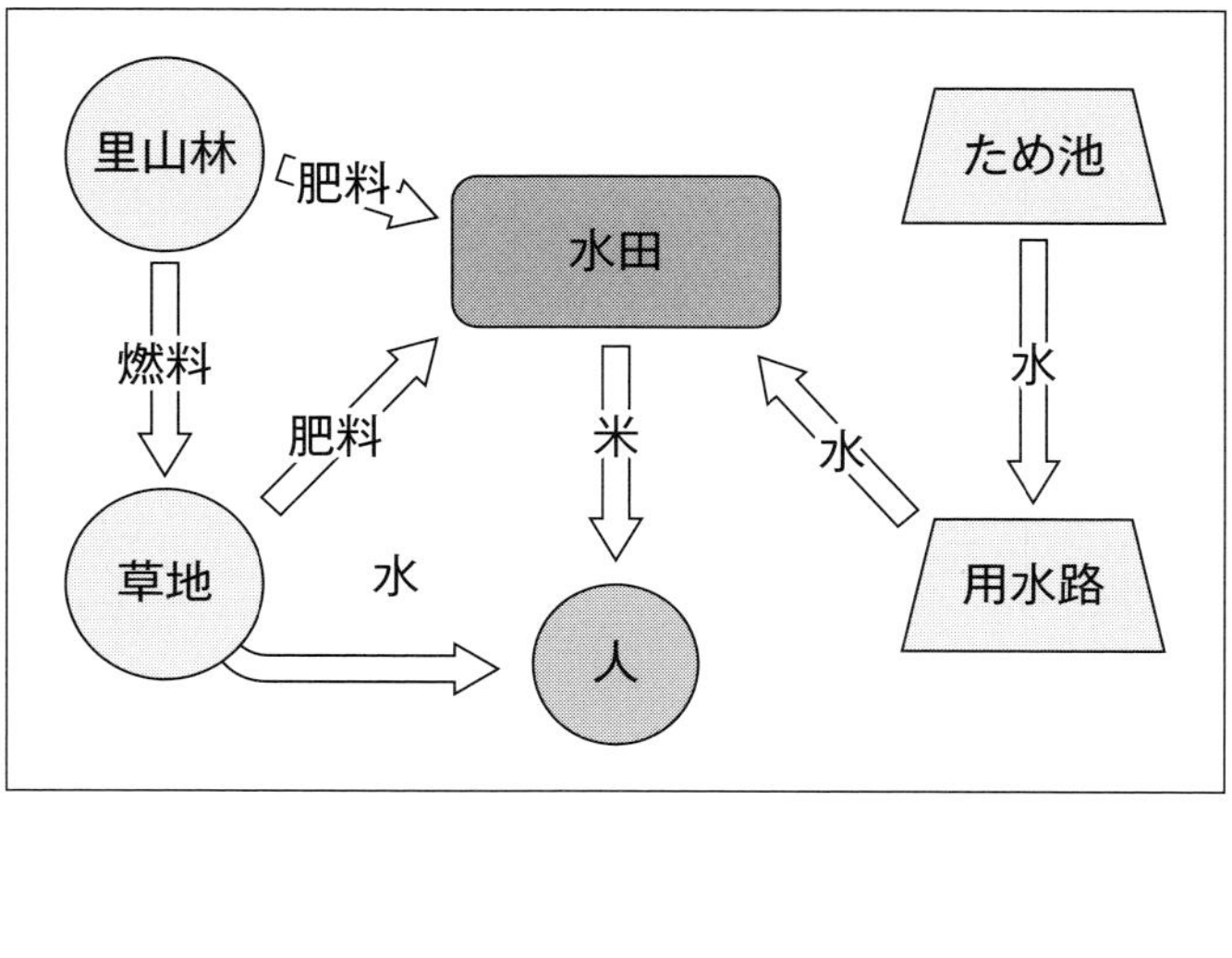


ここで述べられている里山の定義は、稲作を中心とした農業システムであり、人間が複数の生態系を食糧、肥料、燃料、資材などのさまざまな目的に利用してきたことを示している。これらの生態系は、水田にしろ里山林にしろ、萱場にしろ、人が

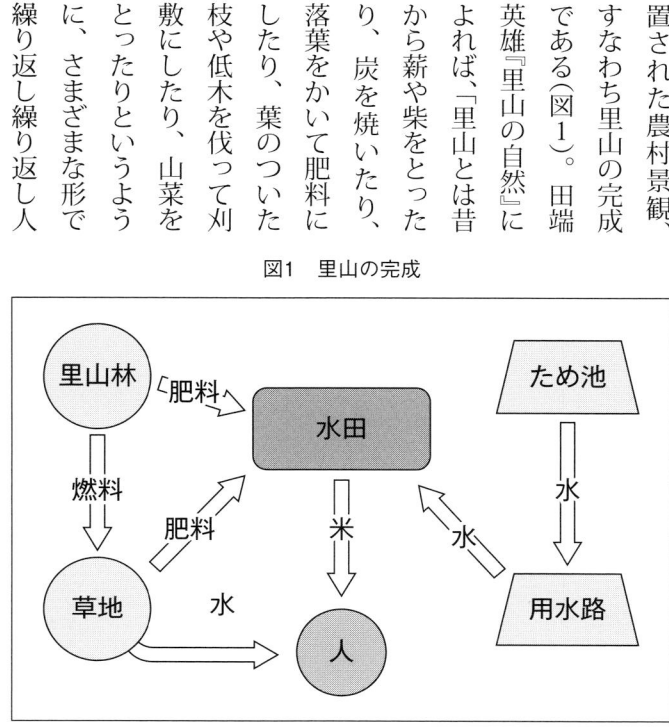

毎年絶え間なく管理を続けてきた半自然である。つまり、日本人は最終的に稲作を中心とした半自然を集落の周りに形成することによって持続可能な生活を維持してきたと言える。

## ●日本文化の重層性と里山を利用する社会

しかし、稲作の伝来によって以前の焼畑や採集の文化が消えてしまったわけではない。以前の自然の利用に重ねて新しい利用が加わり、重層的な文化を形成していると考えられる。そこには、火入れをしてできた草地でワラビを掘ってアクを抜き、利用する(採集＋焼畑)、水田の畦に生えているヒガンバナの塊茎をすりおろして水にさらし、毒を抜いて澱粉だけを取りだして食糧にする(稲作＋採集)、というように改変した環境をうまく利用しながら新しい利用を産み出している。その集大成が日本の里山という自然と人とのつき合い方のひとつの形ではないだろうか。

この里山の環境は、総体的に人口の増加によって過収奪が起こったり、商品経済の発達によって、周辺の里山を使い尽くした都市の消費を遠く離れた里山でまかなうことがあるなど、部分的に自然の成長量に対して利用超過に陥りながらも、大きく破綻せずに昭和30年代の燃料革命の時代まで続いてきた。戦中から戦後の復興期にかけて起こった里山の強度な利用による過収奪と戦後の人口増加によって、里山は大きな危機を迎えたはずであるが、これを回避できたのは、皮肉なことにプロパンガスをはじめとする化石燃料や、化学肥料であったのではないかと筆者は考えている。戦後日本が復興していく中で、エネルギー源が里山からのバイオマスに頼り続けていたとしたら、資本主義経済に任せて里山は荒れ果てていただろう。

もちろん化石燃料の使用で日本の里山が守られた、めでたいと言うつもりはない。里山の利用停止は周辺の生物資源を持続可能な形で活用する生活の終焉を意味しているからである。化石燃料の使用は、いつ終わるかもしれない持続不可能な資源を使い続けると同時に、エネルギーや食糧などの資源を国外に頼るということでもある。つまり、急激な経済成長を遂げることができた代償に、非常に不安定な社会へと移行してしまったとも言えるのではないだろうか。

一方で現代では里山を利用しないことによる生物多様性の消失という、よその国から見たら非常に贅沢な問題に直面している。この問題は単に生物や自然環境だけの問題ではなく、連綿と続いてきた日本人の文化をどう考えるか、という根本的な問いなのではないかと思える。大多数の人が身の回りの生物や自然環境に興味がない、ということは、自然とつながりを持って暮らしてきた日本の文化が途切れようとしているということでもある。

## 景観生態学の考え方

生態学とは生物と環境、生物と生物の間の相互作用を研究する学問であるが、その一分野である景観生態学は、生物の暮らすさまざまな生態系や、その組み合わせがつくり出す景観に注目する。景観生態学では生物の利用する生態系を景観要素と呼ぶ。そして景観とはお互いに関連し合っている景観要素の集まりであると捉えている。たとえば農村における田んぼ・畑・ため池・用水路などはそれぞれが景観要素である。景観要素を利用している生物にとっては、まず景観要素の質が重要であり、利用に好適な環境でなければそもそも住み続けることはできない。さらにそれらの景観要素の質だけでなく、配置も重要である。従来の生態学は、生物個体群の存続に関して個々の生物の生息場所（＝景観要素）そのものの環境については評価してきたが、景観生態学ではさらに生息場所の配置や形、さらには関係性を問題にする。

図2　景観要素

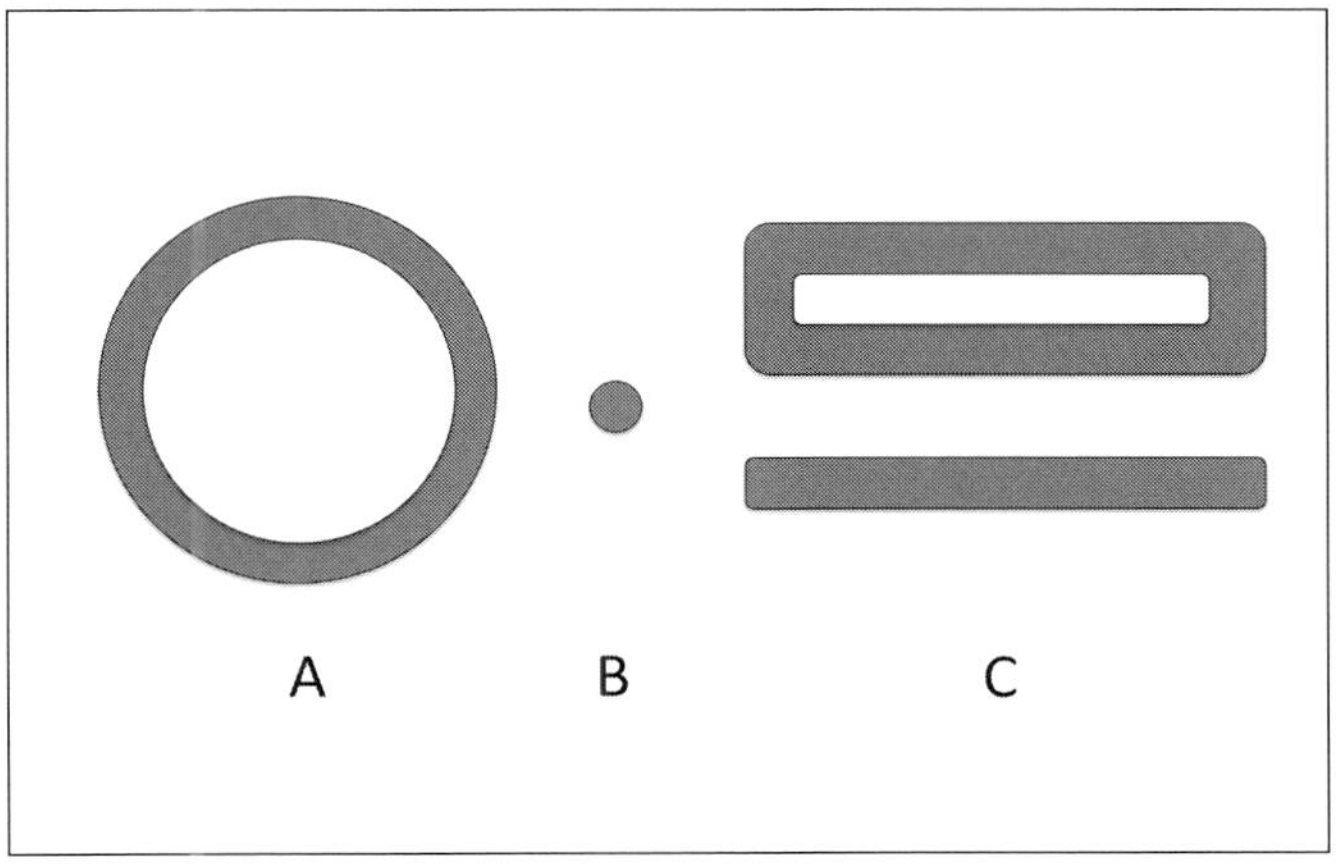


景観要素はその形から、斑点型のパッチや、細長い形のコリドー、それらの背景に相当するマトリックスなどに分けられている。景観要素の質はその形とも関係している。パッチの縁からある一定の距離は、外からの光、風などが入り込み、パッチの中心部とは違った環境であるかもしれない。こういった効果を辺縁効果という。パッチが円形だった場合、辺縁効果の及ぶ距離よりもパッチの半径が小さかった場合、パッチすべてが辺縁の環境であることになってしまう（図2のB）。一方でパッチが十分大きい場合は、辺縁効果はほとんど無視できることになる（図2のA）。また、コリドーの場合も細長い形のため、幅が周辺効果の及ぶ距離の2倍以内であれば、小さなパッチと同様に周辺効果がすべてに及ぶことになる（図2のC下）。

パッチ間の距離も生物にとっては重要である。ある生物の生息に好適なパッチがあるとしよう。しかし、そのパッチはいつまでも好適であり続けるとは限らない。洪水で根こそぎなくなるかもしれないし、山火事で焼失する可能性もある。そういった場合、その生物がその地域で生き残り続けるためには、絶えず新しい好適なパッチを見つけて移住する必要がある。その場合、パッチ間の距離はその生物の移動能力の範囲内でなければならない。さもなければ長い時間の間にある確率で絶滅してしまうだろう。このようにパッチの配置は生物にとって重要である。一方で、景観要素の割合がその景観の機能を規定する場合もある。たとえば都市景観においては緑地という景観要素の割合が多ければ、樹木をはじめとする植物の蒸散により気温の上昇が抑えられる。また、河川河口部においてヨシ原という景観要素の割合が多いと流入する河口域での水質の富栄養化が抑制される。景観生態学は、こういった景観要素の空間構造や相互作用、そして生態系の機能に及ぼす影響などについて研究する学問なのである。

景観をつくり出す要因は地質・地形・気候などの環境要因だけではない。人間による利用も大きなインパクトを与えている。文化的景観という言葉がある。ユネスコの世界遺産認定の基準では、自然と歴史、人工物、人の営みの関係性を重視し、それらの相互作用によって成り立っている景観を文化的景観と呼び、登録のカテゴリーに文化的景観が存在している。紅河ハニ棚田群の文化的景観(中国)やコルディリェーラの棚田群(フィリピン)などは過去から連綿と続いてきた人による農的な営みと自然環境条件が合わさって特有な景観がつくり出された例であるといえる。

日本でも古くから続く里山は、そういった意味でまさに文化的景観であると同時に、景観生態学、地理学、社会学、民俗学など多くの分野にまたがる研究フィールドであるといえる。

## ●各景観要素の使い道

稲作が大陸から伝来して以降に完成した里山の重要な景観要素は、水田、雑木林、草地の3つである。基本的に里山は大きさや比率の違いこそあれ、大抵がこの3つの要素を備えている。それは稲作を基本とした農耕に必要なものがこの3つから得られるからである。ここではため池や用水路など稲作に不可欠な水を供給する仕組みは水田に含めて考えたい。

それぞれの景観要素は人の暮らしの中でどのように使われてきたのだろうか。稲作を中心とした農耕環境を考える場合、水田の役割は米の生産であり、里山林と草地は水田に投入する肥料の収集場所として機能している。明治時代以前には雑木林とはいっても、実際には低く刈り込まれて丈が低くなり、現代の樹高10mを越すような林とはまったくの別物であり、遠目からの景観としてはむしろ草地に近かったと考えられている。緑肥として周辺の山から水田に投入されていた草や刈敷について、水本邦彦は『草山の語る近世』の中で、採集に必要な面積が水田面積の10倍以上であったと推定している。刈敷は、カッチキなどとも呼ばれ、山から採ってきた草や、若葉のついたままの枝をいい、代掻きの前に足で踏んだり馬に踏ませたりして水田に敷き込んで肥料にした。授業でそのような話をしたところ、実際に水田耕作をしている学生から「そんなに早く腐って肥料になるわけがない」「腐っていない枝が田植えの際に邪魔にならなかったのか」という質問を受けたことがあるが、投入後1～2カ月で若葉は腐り落ち、残った枝だけ取りだしていたらしい。日本の水田は森林から供給される栄養塩などを含んだ谷水を入れて耕作するため、まったくの無肥料でもha当たり1・5tの収穫を得ることが可能だそうだが、限られた水田から可能な限りの収穫をあげるためには、刈敷のような有機肥料を周辺の山から入れる必要があったのだ。

しかし、里山林と草地の利用目的はそれだけにとどまらない。水田以外に関東平野のような台地上で用水をひいてくるのが難しかった場所では、長く畑作が農業の中心であった。そういった場所では里山林の落ち葉を発酵させ堆肥にして畑に投入すると同時に、発酵熱を利用して、南方系の作物であり寒さに弱いサツマイモの苗を生産していた。また、日常の煮炊きに使う薪や柴は里山林から刈り取って使っていたし、炭などはアカマツやコナラなど里山林の樹木を伐採して利用していた。他にも一昔前には、鍬の柄やちょっとした木製品などの資材は、里山林の樹木を目的に応じて選んで使っていた。

以前それについて面白い経験をしたので紹介したい。岐阜県内の金物店でのことである。置いてある商品を眺めながら店内をうろついていると、直径が2㎝くらい、長さが1mちょっとの棒が何本か無造作に木枠に突っ込んであるのが目に入った。棒は別に形が整えてあるわけでもなく、ちょっと山に行って拾ってきた、といった態であり、何に使うのかまったく見当がつかない。しかも1本が1200円もする。いったい何に使うのだろう。このお店は店主さんが道具について詳しく、訊くと何でも教えてくれるので尋ねてみた。「それは石屋さんが石を割るときの玄翁の柄だよ」という答えだった。石を割るための玄翁であれば、重さは数キロもあるはずで、こんな細くて長い柄をつけたら折れてしまうだろう。疑問に思ったので再び店主に尋ねると、「それが折れないんだよ」「振りかざしてもしなるだけで折れない」「だから反動をつけて石を割るのにちょうどいいんだな」という。「ひょっとしてカマツカですか?」と訊くとその通りだった。カマツカはバラ科の落葉広葉樹で、生長が遅く、それほど大きくなる種類ではない。しかし、材は尋常ではない硬さで、昔研究室の先輩が成長解析のためのサンプルをとるために成長錐《すい》というスウェーデン鋼で焼き入れをした刃をもつドリルを使って、孔をあけようとしたが文字通り刃が立たなかった、と聞いたことがあった。カマツカの別名はウシコロシ。硬くて丈夫なので牛の鼻輪をつくるのに使ったことが名前の由来だと図鑑には載っているので知識としては知っていた。けれど目の前でそういった利用を聞くと得心がいった。昔の人は数ある里山林の樹種の中から特性をよく吟味して用途を決めていたのだ。それは豊かな暮らしだったに違いない。

草地に関してもその利用目的は多岐にわたっている。前述の肥料だけでなく、農耕に使う牛馬の飼料、屋根葺き材(萱・茅)、畑や茶畑の作物を育てる際の敷料、薬草の採取、その他民芸品の素材などである。このうち、肥料、飼料、屋根葺き材の利用は相当な量が必要であり、しかも普遍的な用途であったため、草の需要は現在よりもはるかに大きかった。そのため日本列島の草地面積は現在とは比較にならないほど大きかったと言われている。日本統計年鑑(総務省統計局)の２００１年の資料によれば、原野(Grassland) 27万ha、採草放牧地(Meadows and pastures)７万ha、であるので、合計すると日本の国土面積(３７７９万ha)の約０・９%にあたる。一方で１８８４(明治17)年の林野面積累年統計によれば、日本の国土面積の3分の1以上、当時の森林面積１６７０万haに匹敵する面積が草地であったことになる。これらの草地はただの草っ原ではなく、多くの生き物を育む場でもあり、日本列島の自然にとって大きな意味を持っていた。

## ●生物多様性について

日本が生物多様性条約を締結したのは条約発効から1年後の１９９３年であり、既に25年経過しているにもかかわらず、生物多様性について多くの国民が認知しているようには感じられない。２０１０年に名古屋で生物多様性条約の締約国会議が開かれた際には、多くのメディアが生物多様性の保全や条約締約国間での保全目標設定や費用負担に関する綱引きを報じていたが、その後この問題に関する扱いをみると、それほど注目を集めていないように思う。生物多様性という言葉も難しくていけないのではないか。

２０１０年の締約国会議で日本政府は、自然資源の持続可能な利用を実現するために、「わが国で確立した手法に加えて、世界各地に存在する持続可能な自然資源の利用形態や社会システムを収集・分析し、地域の環境が持つポテンシャルに応じた自然資源の持続可能な管理・利用のための共通理念を構築し、世界各地の自然共生社会の実現に活かしていく取組」を、ＳＡＴＯＹＡＭＡイニシアチブと称して世界に発信した。これがＳＡＴＯＹＡＭＡの名を冠していることは偶然ではない。現在の日本の里山がそれをアピールしてよい状態であるかはともかくとして、里山こそが生物多様性を保全してきた日本人のｗｉｓｅｕｓｅだと言いたいわけである。いずれにしても、生物多様性が維持されている状態でこそ、持続可能な人と自然とのつき合いが可能なはずである。ここでは里山について論じる前に、生物多様性について考えてみたい。

### ◇種の多様性

生物多様性条約の中では、生物多様性は３つの階層で保証さ

図3　生物多様性の３つの階層

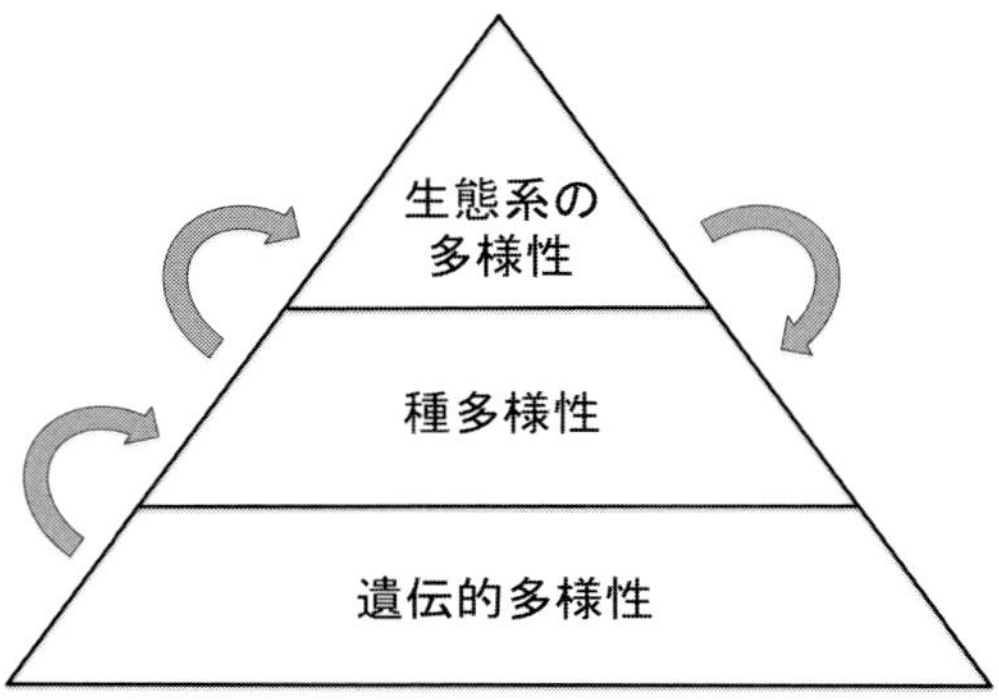


れなければいけないとされている(図3)。3つの階層のうち、一番わかりやすいのが、種の多様性である。種の多様性は、単純に生物の種類数で測られる。2つの草原を比較して、片方には30種の植物が生育しているのに、もう片方では10種しかみられなければ、前者の方が後者よりも3倍生物多様性が高いということだ。種とは何か、という点に踏み込まなければ実に単純明快な基準である。ただし、現実には微生物も含めてあるエリアに存在する生物すべてを調べきるのは不可能に近い。なので、高等植物とか、昆虫、魚類など、おも立った分類群に絞って調査することになる。種数が多いということは、自然にとってどういう意味を持つのだろうか。多くの場合、それぞれの生物が個別に他の生物とまったく関わりを持たずに暮らしていることはあり得ない。たとえばスミレは花粉を運んでもらうためにマルハナバチの助けを借りているかもしれないし、キツネはアカネズミを餌にしているかもしれない。生き物たちの関係は非常に複雑である。花粉を媒介する関係、喰う喰われるの関係、お互いに足りない養分を融通しあう関係など、多くの生物が同所的に存在すれば、それだけ複雑な網の目のような関係ができあがる。これが、単純にネズミがドングリを食べ、ネズミをキツネが食べ、オオカミがキツネを食べる、という鎖のように直線的な関係であれば、鎖の輪のひとつであるドングリが不作になるだけで、直接ドングリを食べないオオカミにまで影響が及ぶことになる。また、ネズミが増えすぎてドングリを食べ尽くしたとき、他に餌のないような多様性の低い生態系の場合、ネズミが消えてやはりオオカミが絶滅するかもしれない。こういった単純な関係で成り立っている生態系は脆弱であると考えられている。

それに対して一つの生き物が多くの生き物と関わっている場合、そういったことは起こりにくいと考えられている。ある特定の種Aが増えすぎれば、それを食物にしている種Bが増えてそれを抑えるような働きが生じる。このままだと種Bが増えすぎれば種Aは絶滅し、種Bもやがて餌がなくなって絶滅する。しかし、種Aが絶滅する前に種Cが増加した種Bを食べるとしたらどうであろうか。種Aと種Bの2種類だけの場合よりも、種Cが入ることによって関係が少しだけ安定になると考えられる。また、種Bが種Aのほかに種Dを食べているとすれば、種Aが減少することによる絶滅のリスクは小さくなる。つまり、喰う、喰われるの関係だけをとってみても、種多様性の高い自然は、ある生き物の極端な増加を抑えることによって安定的な生態系を築くことができるというわけである。種の多様性が高ければ、この他にも諸々の生物間の関係があり、網のように広がった関係が生態系を安定させているといえる。

### ◇遺伝的多様性

種の多様性よりも下の階層が遺伝的多様性である。同じ人間の中にも背の低い人、高い人がいたり、髪の毛や目の色が違う人がいるように、多様な性質を持った個体が同じ種の集団の中にいる場合、その集団は遺伝的多様性が高いという。品種改良によってつくられてきたさまざまな園芸品種の花卉類は、遺伝的な多様性を人間がうまく利用した例であるといえる。さまざまな肉質を持つ和牛の系統も、遺伝的な多様性のひとつである。将来にわたってさまざまな環境変動に対応する作物をつくり続けるためには、野生種の遺伝資源を採集して保存することも大切である。農林水産省では1985年から農林水産省ジーンバンク事業を開始して、農業分野に関わる遺伝資源について探索収集から特性評価、保存、配布および情報公開までを行なっている。

遺伝的な多様性は生物にとってどういう意味を持っているのだろうか。環境が大きく変化した場合、個体では対応が不可能な場合であっても、集団の中に遺伝的に新しい環境に対応可能な個体があらかじめ複数混じっていれば、その個体が生き残って種を存続させることができる。新しい集団は個体数も遺伝的多様性も減った状態から再スタートするが、時間をかければ個体数も増え、さらに時間をかければ突然変異の蓄積によって遺伝的な多様性も増加すると考えられる。遺伝的な多様性は、直接目に見えないことも多い。生物多様性の保全のためには、見た目が同じであってもそれぞれの集団の特性をよく把握しておくことが重要だといえる。

### ◇生態系の多様性

最後に、種の多様性よりも上の階層が生態系の多様性である。生態学では、生態系とは、ある一定の範囲に存在する生物集団とそれをとりまく水、風、光などの無機環境と定義されている。前述のように景観生態学では、比較的均一な環境を景観要素として扱っているが、これを生態系と考えることもできる。景観生態学では、それぞれの景観要素の関係や機能を重視している。この場合、多くの生き物が暮らせる景観とは、どのような景観であろうか。それぞれの種についてみれば、まず生存に好適な環境が保証されている必要があるだろう。しかし、生存に必要な機能がすべて単一の生態系でまかなえるとは限らない。その場合は複数の生態系が限られた範囲内に存在している必要がある。これについては次項で詳しく説明する。また、山からの谷水が含む栄養塩が下流の生態系の養分となるように、生態系間の関係も重要である。こういったことを考えると、生態系の多様性は種の多様性にも影響していることになる。

多様な種が生きていくためには、生態系の多様性が必要であり、生態系が多様であるということは、それを構成する種が多様であるということでもある。そして種が存続するためには種内の遺伝的な多様性が必要である。つまり、すべての階層で多様性が保証されている景観が生物多様性の高い自然ということになる。

## ●里山は生物多様性の宝庫

里山景観は、言うまでもなく多くの景観要素の集合である。森林、草地、河川、池などの多くの生態系が、雑木林、採草地、用水路、ため池などの景観要素として集落の近くに配置されている。これらの景観要素を生物はどのように使っているのだろうか。

カエルはいわずと知れた水田の生き物である。最近では都会から田舎に移住してきた家族の子どもが、そして時には親までもが「夜中にカエルの鳴き声がうるさくて眠れない」というらしい。子どもの頃から聞き慣れている音はうるさいとは感じないと思うのだが、都市化によって子どもの頃にカエルの大合唱を聞きながら眠った経験が最近の日本人から失われているのかもしれない。晩夏から秋にかけての虫の声も同様だろうか。

モリアオガエルは、里山に見られる緑色のカエルで、最大で雄が5㎝程度、雌が7㎝ほどの大きさになる。このサイズにまで大きくなった個体には滅多にお目にかかることはないが、数センチの大きさのものならば、身近に見ることができる。普段は林の中で暮らしているのだが、オタマジャクシは水中で育つので、産卵は水田近くで行なわれる。そのため4月から7月にかけて水田近くに現われる。周囲に木がなければ畦に直接産むこともあるらしいが、水田や水たまりに張り出した木の枝に卵が産み付けられる。林で暮らしているのであれば木登りは得意だと思われるが、小さな体で数メートルの高さまで産卵のために登っていくのはさぞかし骨の折れる作業だろう。この小さなカエルは、水田だけあれば、平野の真ん中でも生きていけるわけではない。谷津田のように周囲を森林に囲まれている水田こそが条件のいい環境なのである。つまり雑木林と水田が隣接して存在することが重

モリアオガエルの卵塊　卵の下は放棄田

要なのだ。里山にはそういった環境が多くに見られる。モリアオガエルはかつて普通に見られるカエルであったが、現在は大阪府、千葉県、兵庫県、岡山県など16の都府県で絶滅危惧種に指定されている。モリアオガエルの生息に適した山間地の水田が耕作放棄されていることと無関係ではないだろう。

ノウサギも里山に生息する哺乳類である。「兎追いしかの山」と童謡に歌われるので、森林に生息するようにも思われるが、その行動範囲はむしろ開けた空間であるらしい。そもそも歌がつくられた大正時代には、「山」とは背の高い樹木が生い茂る空間だけでなく、前述のように刈り込まれて背の低い林や草山などさまざまなものがあったはずである。そもそも平地でない場所を「山」と呼んでいた可能性もある。

阿部聖哉らは秋田駒ヶ岳付近でノウサギの生息密度と森林植生との関係を調べているが、餌となる草本植物の量の多い、林冠高の低い植生で生息密度が高いことを示している。島野光司らは、同じく秋田駒ヶ岳山麓の調査で糞粒からノウサギの行動を推定しているが、それによれば、最も糞粒の多かったのは明るい立地を好む草本植物の多い伐採跡地であった。ところが糞塊の個数なども合わせた行動推定によれば、ノウサギは伐採跡地のみを使って生活しているわけではなく、伐採跡地のほかにアカマツ林、スギ植林、コナラ林からなるモザイク環境を横断して使い、採食、休息、ねぐら環境として選択的に利用している可能性が指摘されている。このようにノウサギも複数の景観要素を複合して使っているらしい。

猛禽類はノウサギを餌にする代表的な鳥類である。オオタカは山奥に暮らす鳥と考えられていたが、里山の開発にからんで環境影響調査がされるようになってから、身近な里山に多く生息していることがわかってきた。植田睦之らは、オオタカの幼鳥が巣立ってからどのような環境を利用して暮らしているのかを、電波発信機をとりつけて追跡することにより調べている。その結果、オオタカは里山の水田や草地などの開けた所を利用して、スズメやムクドリなどを捕食していた。しかし幼鳥が滞在していた場所の多くは小規模な林、屋敷林などの樹林であったこともわかった。このことから、オオタカについても狩りをするための開けた環境と、止まり木としての背の高い樹林という2つの異なった環境を必要とすることがわかる。

同様に松江正彦らは、オオタカの営巣密度の高い要因のひとつに、「樹林と草地の接線の長さが長いこと」を挙げている。景観生態学の用語で言えば、草地の中にあるコリドーなども条件を満たすであろう。これはオオタカが行動、採食する環境が主に林縁であることと関係している。オオタカは翼を広げると翼端から翼端までが約50㎝の小型の猛禽類であるので、開けた所でしか狩りができないであろうし、トビのように上昇気流にのって1カ所での滞空時間を稼ぎながら獲物を探すこともできなければ、止まり木になる大きな樹木は必要だろう。オオタカが樹林と草地の境界で多く行動するのは、オオタカの餌になりうるノウサギが前述のように草本植物の多い環境と森林を行ったり来たりしながら行動していることからも想像できる。

この他にも産卵と越冬のために田んぼとため池を往復するイシガメや、ミズカマキリのような水棲昆虫もいる。このような場合、それぞれの生物の移動距離が問題となる。つまりため池と田んぼの距離である。日比伸子は捕まえたミズカマキリを標識して放すことで、田んぼとため池の間のミズカマキリの移動を調べているが、最長で１４１０m離れた池で再捕獲された個体がいたそうだ。

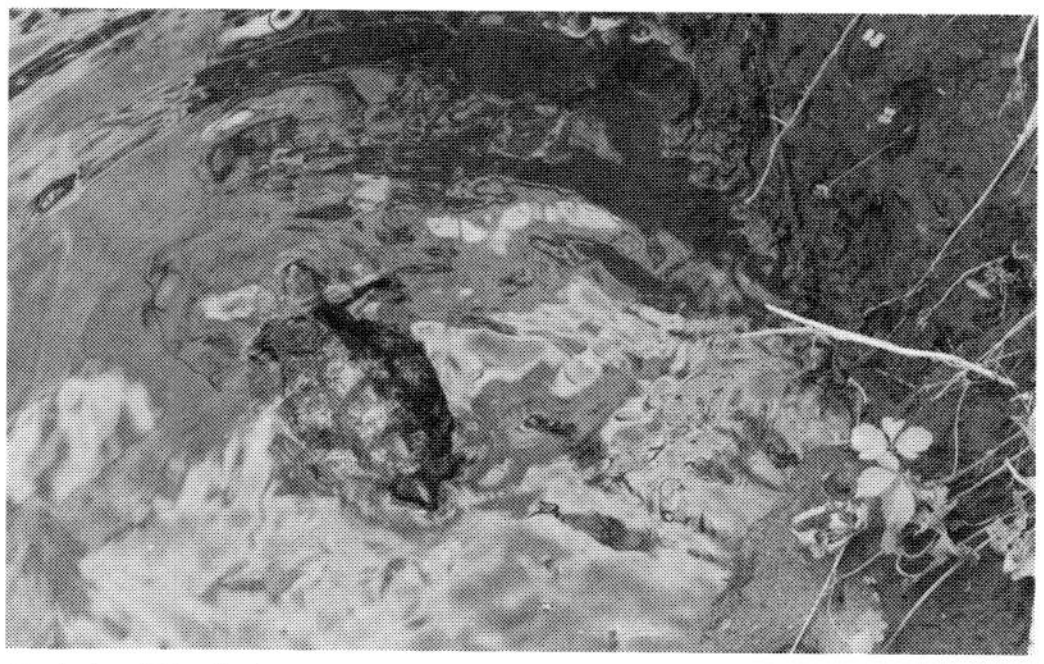
ニホンイシガメ

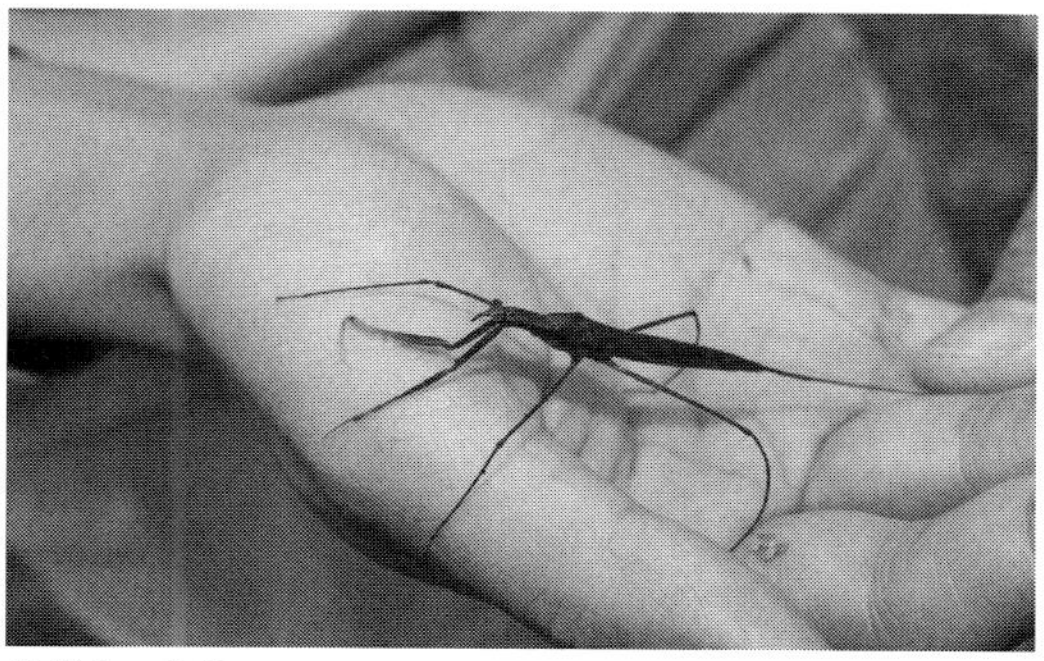
ミズカマキリ

また、守山弘は『水田を守るとはどういうことか』の中で、トンボ類における成虫の移動距離が概ね１km程度であることを述べている。江戸時代の新田開発により関東平野に造成された里山や、奈良盆地の里山でもため池の間隔はこの範囲内に収まるため、これらの昆虫の移動には問題がないことになる。

このように里山景観は多くの生き物たちにとって生活に必要なさまざまな環境がコンパクトに配置された暮らしやすい環境だったと考えられる。ところが水田耕作を中心に構成されてきたこの景観も戦後しばらくしてから大きく変化した。稲作に使う肥料は緑肥から江戸時代には油糟や干鰯、下肥、そして現代では化学肥料に置き換わり、草地や里山林は肥料の供給源としての役割を失っている。また、燃料や資材としての用途も同様である。そのため丸ごと開発で消失するか、手入れをされなくなって草地が樹林化したり、丈の低い里山林は樹高の高い林になり、植生遷移が進んで常緑樹の優占する暗い林に変化してしまっている。開発による消滅は生息地の分断化を招き、手入れの停止はそれぞれの生息環境の悪化を招く。生態系の多様性が生物多様性を保証していたかつての里山に暮らしていた生き物たちにとっては受難の時代といえよう。

# 茅場と日本人

## ●日本列島の草原

日本列島は総じて温暖で降水量も多く穏やかな気候であり、植物の生長もよい。そのことを気候と植生の関係からみてみよう。ある場所の景観が森林になるのか、草原になるのか、砂漠になるのかは、人の営みが関わらない場合には、気温と降水量の組み合わせで決まることが知られている。図でその関係を詳しく検討することにする。横軸は年間降水量、縦軸は年平均気温であり、それぞれの気候条件で成立する植物群系が書き込んである。植物群系とは、似通った気候条件下に成立する、似たような景観を持つ植物群落の分類単位である。森林とか、草原、砂漠というのは大まかな植物群系の分け方だが、群系は気候条件でさらに細かく分かれている。

図を見てまず気がつくのは、気候的に森林景観になる条件の幅広さである。年間降水量が５００㎜を超えている場合は気温が極端に低い場合を除き森林が成立する。年間降水量が５００㎜から１５００㎜の間では、気温によらず森林が成立することになる。それでは草原が成立する条件はどうだろうか。草本は一般に背の高い樹木よりも必要とする水の量が少ない。そのため、森林が成立するのに必要な降水量がなくても草原は成立する。図からは気温が高い所で年間降水量おおよそ５００㎜以上、気温の低い場所だと３００㎜以上の降水量が必要であることがわかる。気温が高いほど植物が地中から水を吸い上げる蒸散の作用は大きくなるので、多くの降水を必要とすることになるからだ。前述の降水量よりも降水が少ないと、多くの植物が生育できずに半砂漠、もしくは砂漠状態になってしまう。

伐採や台風、洪水などの撹乱がない状態で植物群落を放置しておくと、その相観が時間とともに変化していくだけでな

気温と降水量の関係

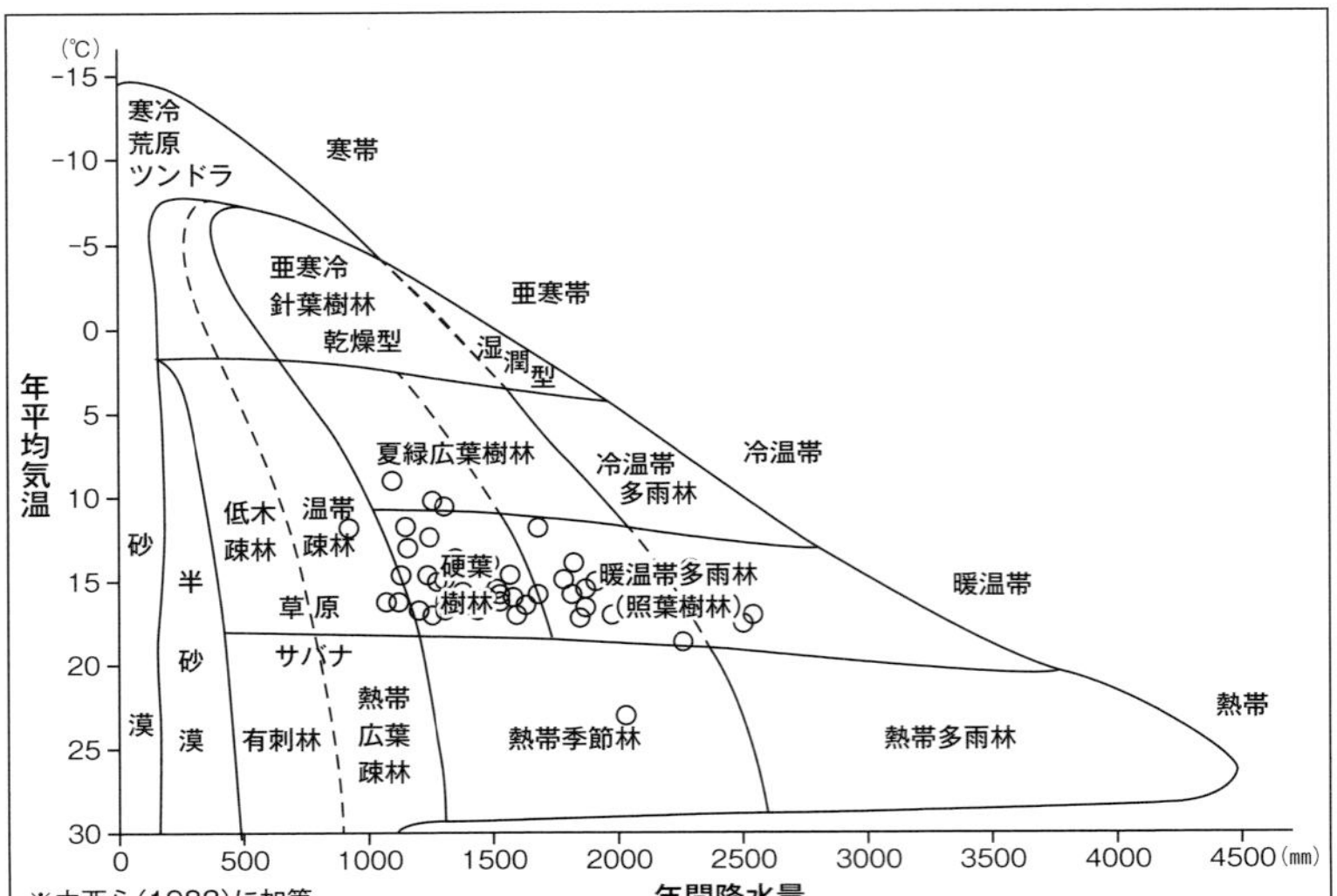

※中西ら(1983)に加筆

く、群落を構成している種類も入れ替わっていく。この現象を植物生態学では、「植生遷移」と呼んでいる。たとえは悪いが森林を人間の肌に例えるなら、怪我をしたあとで傷口にかさぶたができ、それがはがれると元の肌に戻るようなものである。植生遷移では、長い時間をかけると最終的にそれ以上変化しない群落に到達すると考えられている。これを極相という。極相に至るまでの過程は、植物のほとんど生えていない裸地からスタートした場合、草原を経て明るい所を好む陽樹が林をつくる段階になり、最終的に暗い所でも耐える性質をもった陰樹の林に到達して、それ以上先に遷移が進まなくなると考えられている。この陰樹の林が極相林である。極相林がどういった種類の林になるのか、それを決める大きな要因が、気温と降水量という気候条件なのである。日本列島の中でも比較的温暖な地域では、この極相林はシイ類やカシ類などの常緑広葉樹で占められている。極相に到達するまでの時間はさまざまであり、数少ない研究によれば、まったく生物の見られないできたての火山島に極相林が成立するまでに800年程度かかったという例が知られている。

しかし、現実に我々の身の回りの自然を見渡してみて、極相林が広がっている所は多くない。これには最終氷期が終わって以降の人間の活動が大きく影響している。人々が生活を営むためにつくり出した里山の環境は、極相に到達する前に伐採を繰り返すため、極相林は伐採がほとんど行なわれない社寺林などに限られている。里山林の林は基本的に陽樹の林なのである。伐採の間隔がさらに短くなっていくと、森林は成立せずに草地が出現する。里山では必要に応じて草地の環境を維持するために、火入れ、採草、放牧を行なって樹木が侵入しないよう管理する。

ノイバラ（左）とエノキ（右）が侵入した草地

毎年刈り取りを行なっている草地でも、管理をやめてからの遷移の進行は思ったよりも速い。筆者が継続して調査を行なっている堤防草地でも、調査枠を設けて年2回の刈り取りを停止した場所では3年後にノイバラが侵入し、6年後には高木性の樹木であるエノキが侵入して生長してきた。管理停止から9年現在の樹高は、背の高さを少し超えるくらいだが、放置していると樹林化してしまうことが実感できる。こういった樹木は、周囲に母樹となる樹木の生えている林がなくても侵入してくる。ノイバラもエノキもその果実を鳥が好んで食べるので、遠距離から散布されてくるのだろう。ちなみに年1回以上刈り取りを行なっている調査枠では樹木の出現は見られない。草地の維持は気を抜けない大変な作業なのだ。

さて、日本は50ページの図の中でどこに位置するのだろうか。日本列島は弧状で南北に長く伸びているため、南の端の沖縄と北の端の北海道では気候が大きく違う。そのため、日本全国の傾向をみるために47都道府県の２０１４年の年間降水量と年平均気温の関係を図の上に示した。降水量も気温も２０１４年の平年値で示す。白丸ひとつが一つの都道府県を示している。ほぼすべての都道府県が照葉樹林、硬葉樹林、夏緑広葉樹林のいずれかが成立する気候条件に位置していることがわかる。これは基本的に人間が森林を伐採したあとで木を植えなくても森林が成立することを意味している。

このうち降水量が少ないため温帯疎林に入っているのが長野県と岡山県、香川県である。他に山梨県と兵庫県も疎林と硬葉樹林の境界付近に位置している。長野県と山梨県は本州中部の比較的標高が高い内陸に位置しており、大陸的な気候条件で乾燥している。長野県には菅平や霧ケ峰などの草原が知られている。山梨県も同様の気候条件であり、富士山の裾野に広大な草原が広がっている。岡山県は太平洋側に関しては、周辺の瀬戸内海に面した府県と同様降水量の少ない瀬戸内海型気候に属しているため、降水量が少ない。香川県、兵庫県も瀬戸内海に面して岡山県と向かい合うか、隣り合っている。兵庫県の砥峰高原、峰山高原には半自然草地が残っている。図の中で疎林とされている所が、草本植物の優占する草原に低木がまばらに生える景観をもつ植物群系だが、これらは条件によって低木がなければ草原の景観が自然に成立する気象条件であることを意味している。この図では各県庁所在地の２０１４年の1年間の平均気温と降水量が示されているだけなので、厳密な議論には不適当だが、これらの県は自然状態で草原が成立するとは言えないまでも、草原を比較的維持しやすい気候条件なのかもしれない。裏を返せば日本全国で林の種類は違えども、極相は森林になるため、草原を維持するには植生遷移が進行しないよう人間による管理が欠かせないということになる。

では人口が少なかった縄文時代以前の日本では、自然状態で草原は成立していたのだろうか。加藤真は『エコソフィア』の中で、九州の阿蘇山や祖母山、由布岳などの火山が噴火によって植生遷移を早い段階に戻して草原をつくる原因となったことを指摘している。また、日本列島に昔から生息していた草食動物のうち、シカによる採食で草地が維持されていた可能性もあるという。

いずれにせよ、最近の研究では、土壌中の微粒炭や有機物の分析結果から、1万年前以降から阿蘇地域では草原という景観が存続してきたことがわかっている。草原が続いた原因としては、土壌中に含まれている微粒炭から人間による火入れが有力視されている。これらの地域では、人間が野焼きによって草原を維持してきたのではないかということだ。

## ●黒ボク土と野焼き

黒ボク土という土がある。その名の通り、真っ黒で手の上に載せるとまとまらずに崩れる感じの土である。黒くてホクホクしているから黒ボク、という説明を聞いたことがあるが、なるほどという感じである。黒ボク土は水もち、水はけなどの物理性は良好だが、植物の必須栄養素のうちリンを強く吸着する性質があるため、ときに耕作に向かないとされる。黒ボクは腐植酸により強酸性であるが、それによって植物にとっての毒性の高いアルミニウムが溶け出すことも不向きな原因とされる。日本農研機構の日本土壌インベントリーによれば、黒ボク土の分布は日本全国に渡っており、国土面積の31％を占めるという。実に国土の3分の1は黒ボク土で覆われているのだが、分布には地域差があり、北海道南部、東北地方北部、関東地方、九州中部、九州南部などに多く見られる。これらの分布と、火山の分布がある程度重なっていることから、黒ボク土は火山灰上に特異的に成立する土壌型と考えられてきた。しかし、最近では火山灰と関係ない場所にも黒ボク土が見られることや、黒ボク土中の微粒炭から、人間による継続的な野焼きによって成立した草原が、長く続いた場所に成立する土壌なのではないかと考えられるようになってきている。

各務原市は岐阜県南部に位置している人口14万人、面積87・81㎢の都市である。中央の各務原台地は面積約19㎢で、各務原市全体の2割強を占めている。台地上は60～120㎝の厚さで黒ボク土に覆われている。航空自衛隊岐阜基地や工業団地など、各務原の主要産業に関わる重要な施設はこの台地上に配置されている。今でこそ各務原市の産業にとって重要な各務原台地であるが、1876(明治9)年に砲兵演習場が設置され、1916(大正5)年に飛行場が完成するまでは、原野の広がる未開の地であった。この原野は古くから各務野と呼ばれていた。1896(明治29)年に測量された仮製地形図によれば、台地上には尋常荒地と松林が広く分布していることがわかる(下図)。小椋純一は仮製地形図における「尋常荒地」の記号が意味する植生景観について詳細な検討を加えている。それによれば、ここでいう「荒地」とは、草原を意味しており、

仮製地形図

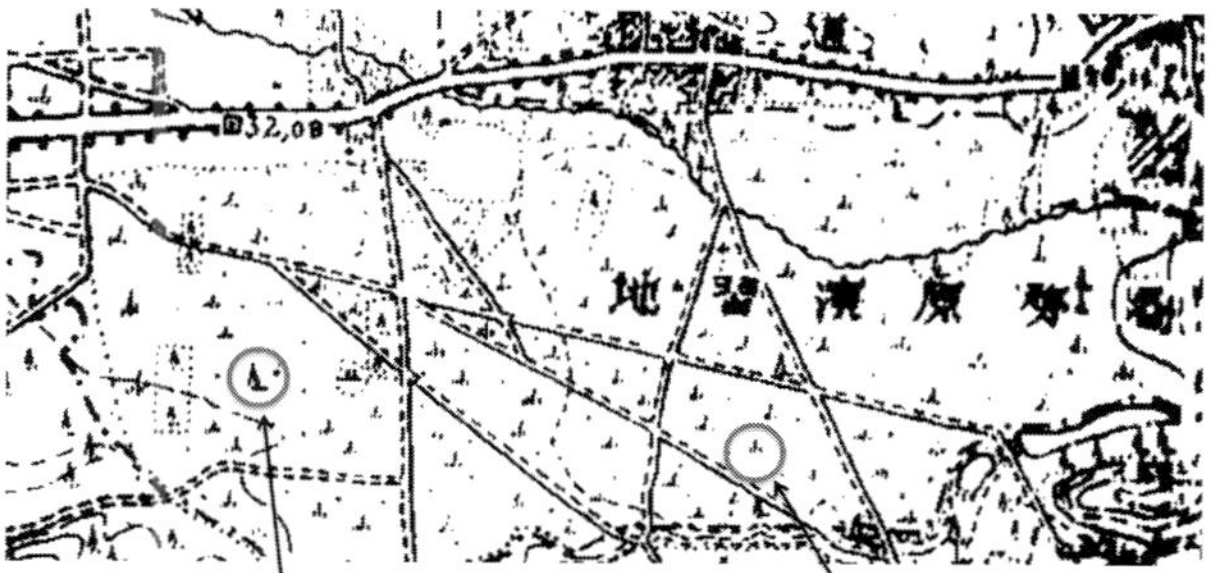

ススキ草地を主体として多様な草地植生が含まれていたらしい。江戸時代に三柿野に柿沢村ができた際、前野村の農民が開拓したが「四方が草野で松林が多く、村として成りにくい」と『濃州徇行記』(1789~1801年編纂)にある。各務野は当時からアカマツとススキ草地の広がる景観であったのではないだろうか。

未開とはいってもまったく利用されていなかったわけではなく、広大な原野は近隣の村に肥料を提供したり、台地を横切る中山道の宿場町である鵜沼宿に秣を供給するなどの役割があった。江戸時代に貝原益軒がこの地を通りかかった際、「この野に田畑無し、ただ青草のみ生ず」と『岐蘇路記』(1713年刊)に書いている。街道沿いから見る各務野は広大な原野だったのであろう。台地上は地下水まで深く井戸を掘らねばならないうえ、水が抜けてしまうので、稲作に適さない。また、黒ボク土は前述のようにリンを強く吸着するので畑作をする場合でも肥料が欠かせない。

各務原台地中央西方の更木郷入会地では、1832(天保3)年に大坂の商人が新田開発を試みたが、用水の確保が難しかったうえ、下層の砂礫混じりの土が水を通してしまい、うまくいかずに天保11年には開発を諦め、元の秣場に戻されている。この地では、新田開発の話が持ち上がるたびに、村人たちは肥料や飼料に使う秣が減ってしまうため繰り返し反対している。江戸時代の里山の暮らしに草地がいかに大事であったかがわかる。

各務原台地上で草原がいつから成立し、維持されてきたのかについてはよくわかっていない。台地上には池や湿地が成立しにくいため、地層中の花粉を用いて当時の植生を復元する手法である花粉分析が使えないこともある。ただし、縄文時代から狩猟や採集のための環境改変を目的とした野焼きが行なわれていた可能性が示されているので、各務原台地上に広く分布している黒ボク土は、少なくとも江戸時代からの野焼きによって維持されてきた草原が産み出した土壌であり、その起源はもっと古いものなのかもしれない。

各務原市は黒ボク土の良好な物理性を活かして根菜類であるサツマイモの生産が盛んであった。『濃州徇行記』には既に各務野の柿沢村でサツマイモが生産されており、外部に出荷されていたことが記されている。おそらくサツマイモ生産のための肥料は周辺の草原や松林から供給されていたであろう。同じく台地上で稲作が難しかった関東ローム層上に成立した里山でも、サツマイモの生産は江戸時代から盛んだった。肥料には周辺の雑木林からの落ち葉が堆肥にして供給されていたという。戦後しばらくの間サツマイモは各務原の主要農産物のひとつで、澱粉や芋飴の加工にまわされ、農家のよい収入源になっていたようである。現代では澱粉や甘味料の原料の主役はジャガイモや砂糖に置き換わっており、サツマイモ生産は激減しているが、近年は地域の特産品である各務原キムチの原料のひとつとしてニンジンの生産が盛んである。台地という立地条件の上に、人々の生活が重なり、土地の利用も変化してきたわけだが、今の状況からはまったく想像できない広大な草原が広がっていた景観を想像するのは楽しい。日本列島にはこうして消えていった草地が数多くあるが、一方でさまざまな形で今も続いている草地もある。次の項ではそういった草地についてみていきたい。

## ●草地と人の関係

実際に草地と人間が関わっている例として、河川堤防草地と茶草場を挙げてみたい。屋根葺き材の供給を目的とした萱場の管理についての実例はあとの項に譲るとして、ここではそうでない身近な草地について述べる。まず、利用目的が明確である場合の管理と、管理自体が目的であって刈った草が利用されない事例の2つをみていきたい。

### ◇堤防草地

日本列島で、まとまった面積が毎年草刈りされている半自然草原は、九州の阿蘇地域などが有名でよく知られている。現在も牧野組合による放牧、採草、野焼きなどが行なわれている草地は、阿蘇地域で合計2万3000haあり、その面積も組合や事業体により異なるが、数haから大きい所ではひとつが140haに及ぶ。このような牧畜や屋根葺きなど生業を目的とした草の生産を行なっている所は全国に点在しているが、農業が近代化するに至って経済的価値を失い、また管理を行なう人材の高齢化などもあって、その数は減少を続けている。

一方で、全国にある水田に付随する畦や畦畔草地は、足し合わせれば日本全国でかなりの面積になるだろう。ただし、畦や畦畔草地は年に数回、多い場合は10回以上草刈りされるが、それぞれの面積はさほど大きくはない。では、日本には広大な面積が毎年草刈りされている場所は存在しないのだろうか。

実は全国で身近な所に大規模な草原が存在している。それが堤防草地である。堤防草地は一級河川の場合、普通国土交通省による除草作業が年に2回行なわれる。筆者が継続して植生調査を行なっている木曽川河川敷堤内の法面は、幅約15〜25mで長さが数十キロに渡り続いている。国土交通省は樹木の根による堤体の弱体化や、亀裂が入った際に発見が遅れる等安全上の理由から堤防法面が樹林化しないよう除草によって管理している。都市に近く人が自由に出入りできる場所で、これだけの面積が休み無く継続して管理されている所は他に類を見ないのではないだろうか。

植生の研究者にとって堤防の草地は自然とはほど遠い場所に感じられる。実際に調査地の木曽川堤防草地で目にするもので目立つ種を挙げると、メリケンカルカヤ、シナダレスズメガヤ、

河川堤防のオオキンケイギク大群落

オオキンケイギク、ムシトリナデシコなど外来の草本植物が多いからである。とくにオオキンケイギクについては特定外来生物に指定する前には堤防や河川敷に多く播種されていたと思われ、現在でも初夏に一面の花を咲かせ目を見張るような景観をつくり出している。一方で、注意深く観察すると、外来種に混じってメガルカヤ、ケフシグロ、カナビキソウ、ウシノシッペイなど、今ではあまり目にすることがなくなった在来の植物たちも、地味な容姿で控えめながらも存在を主張している。かつての里山の半自然草原に暮らしていたと考えられるこれらの植物の存在は、堤防草地の植生が過去から連綿と続いてきたことを想像させる。地元のお年寄りに堤防の草地について尋ねてみると、昔は飼っていた牛馬のために堤防まで草刈りにいって刈った草を与えていたという。こういった利用は戦後しばらくは続いていたそうであるが、牛馬を飼わなくなってからは草が必要なくなり、その後堤防草地の管理は建設省(現・国土交通省)に引き継がれたようである。

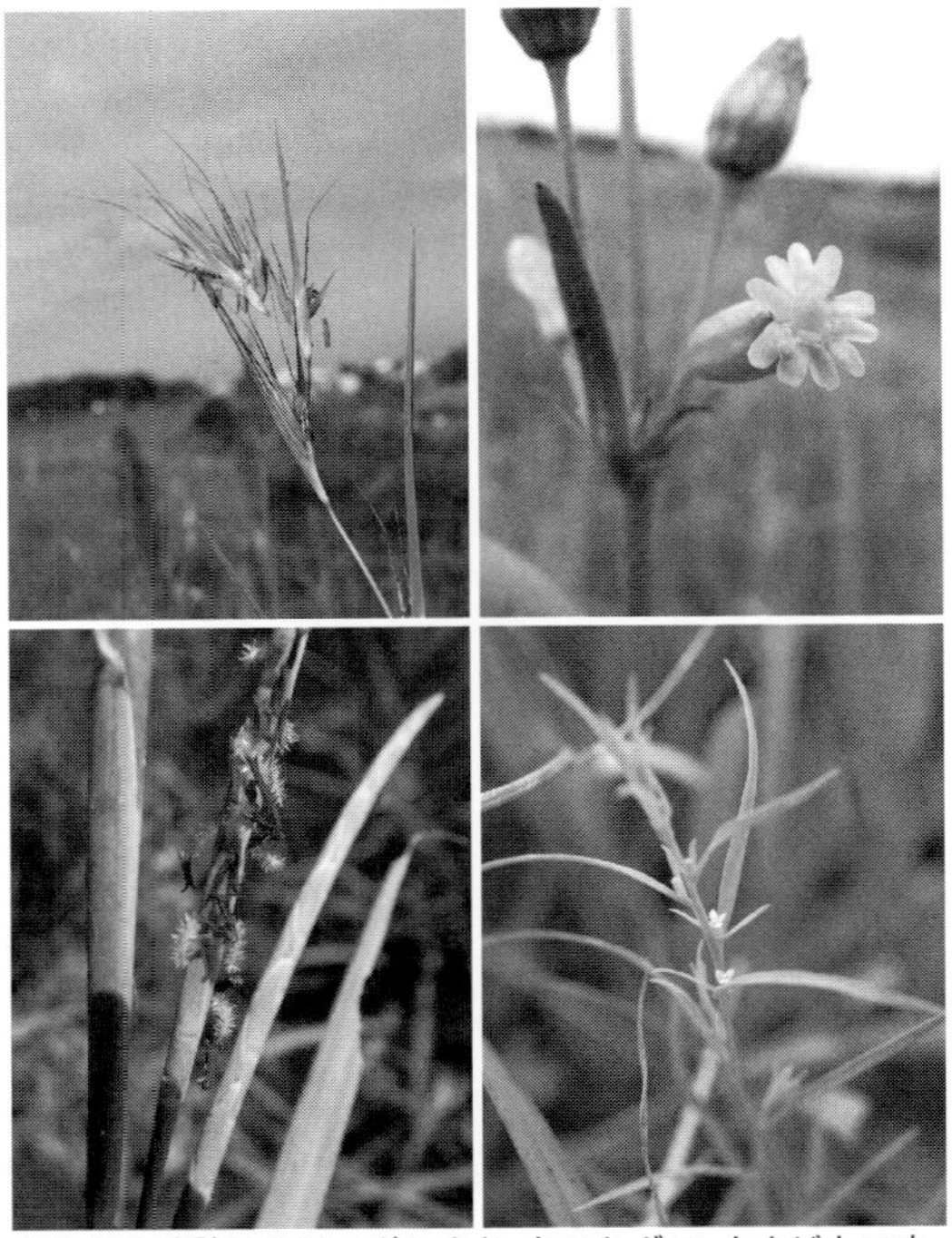

左上から時計回りにメガルカヤ、ケフシグロ、カナビキソウ、ウシノシッペイ

　こういった在来の野草が生えている場所と、そうでない場所の違いは何だろうか。木曽川堤防草地の場合、在来の野草が多い斜面は大抵がチガヤ草地である。一方で在来の野草が少ない斜面はシナダレスズメガヤやオニウシノケグサ、メリケンカル

左からシナダレスズメガヤ、オニウシノケグサ、メリケンカルカヤ

カヤなど外来の牧草や緑化に使われる草が優占しており、前述のような在来種はまったく見られない。元々在来種だけからなる半自然草地に外来の植物が侵入してきたのだとすれば、在来の植物に外来種が混じるのは理解できるが、在来種が完全に駆逐されるとは考えにくい。このことから、在来種の少ない堤防草地は一度堤体の表土が補修など工事の際に入れ替えられ、その際に緑化植物として外来種を播種したのではないかと考える。

ともあれ、継続して植生を観察していると、堤防草地の植物もそれぞれに増減がみられる。とくに草本は樹木と違って生長が早く、しかも一年に初夏と初秋の2回に渡って除草がされるため、しっかりとした地下茎をもち、草刈りに対応して生長できるチガヤを除くと、種の交替が起こりやすい。調査のきっかけは、秋に一面のツルボが群生、開花する様子をみて、なぜこの植物がこうまで広がるのか知りたいと思ったからである。しかし最近ではかつてのようなツルボの群生と開花は見られない。理由のひとつは草刈りの時期にあると思われる。ツルボは周辺の草本

ツルボの大群落

植物と違い、3月初めに出葉し、6月頃には一度地上部を枯らしてしまう。その後8月中旬から下旬にかけて出穂・展葉し、9月上旬に開花する。草刈りの時期が出葉期に重なることで、光合成可能な期間が制限を受けるのではないかと考えられるが、標準的な草刈りのタイミングは6月中旬と10月中旬であるため、4月に出葉し、10月に地上部を枯らす他の植物に比べツルボは刈り取りによる影響が少ないといえる。しかし草刈りの日程は国土交通省が業者に業務を発注するタイミングと関係しており、毎年同じになるとは限らない。ツルボの様子を観察していると、著しく花茎を伸ばして開花している年もあればそうでない年もあるのは、ツルボの開花が人間の都合に左右されているからかもしれない。ツルボは日常的に草刈りがされている場所か、もしくは海岸近くで潮風により立派な林が成立しない場所に多く見られる。競争が苦手なツルボにとって、人間による草刈りや、潮風によって競合する植物が抑えられることが暮らしやすい条件なのかもしれない。

### ◇春日茶草場

堤防草地での除草作業で発生する草は廃棄物として処分される。一部は処理されたあと発酵堆肥として頒布され、農家が畑に投入することもあるようだが、基本的に利用されることはない。そのため草地に生育している植物はどのような種類の草であっても構わないことになる。それに対して肥料・屋根葺き

材・飼料として使われる場合は、生えている草の種類や質に厳密ではないにしろ善し悪しが出てくる。そのような草地の利用の一例として茶草場をとりあげたい。茶草場とは、茶の栽培時に茶畑に敷かれる草を収穫する草地のことである。

茶草場が脚光を浴びたのは、2013年に「静岡県の茶草場農法」が世界農業遺産（GIAHS: Globally Important Agricultural Heritage Systems）に指定されてからであろう。世界農業遺産では、生産性向上に偏重した現代農業のあり方に対し、地域の環境を活かした伝統的農法や、生物多様性、農村文化、農村景観を守った土地利用を「農業システム」として一体的に維持し、次世代に継承していくことを目指している。

この考え方は、フランスにおける地方自然公園制度に通じるものがある。すなわち、地方に自然公園を設置し、自然環境や景観の保全を行なうと同時に経済振興を総合的に進め、農業振興のみを目的とするのではなく、総合的に農村振興を行なう制度である。この場合、地域には効率的、集約的な農業を行なうよりも、地域の自然、文化を尊重し、観光資源として活用することによって地域全体の活性化を図ることが求められる。その際には、農業生産物が商品価値を持っているかどうかよりも、その生産物を産み出している環境や文化的背景の方がより重要視されることになる。静岡の茶草場農法の場合は、指定にあたって茶の栽培方法だけでなく、茶草場により保全される豊かな生物相が生物多様性保全の観点から重要視されている。

岐阜県揖斐川町春日地区は、合併する前は揖斐郡春日村であり、岐阜県の西端で滋賀県と県境を接している。伊吹山の山麓に位置しており、古くから薬草を利用する文化が盛んであった。また、春日はお茶の産地としても知られる。この地域では、伝統的に日本茶の生産が盛んであり、春日村史によれば、約220年前の江戸時代、1793（寛政5）年には既に急傾斜地を利用した茶畑で茶葉の生産が行なわれていたようである。

現在では優良品種であるヤブキタが単一品種として全国的に栽培されているが、揖斐川町春日地区では古くからの在来品種の栽培にも力を入れており、上ケ流と小宮神、香六、中山、地蔵、笹又、七四、山之神、初若、古屋の10集落で地域栽培系統が存続している。これらの系統は春日地区全体でひとつの遺伝的まとまりを形成しており、京都宇治の地域栽培系統とほぼ同じ遺伝的変異を示していた。チャノキは古くに中国から伝来したとされているが、国内の系統は中国を外群とした場合ほぼ遺伝的に同一と考えられることから、春日地区でも中国から渡来した古い系統の伝統的な品種の栽培が継続しているものと考えられる。

春日六合地区ではこの地域栽培系統（以下在来茶）を最近になって復活させ、そのブランド化が計画されている。そのために、単に在来茶によるお茶づくりだけでなく、栽培に関して病虫害に強い性質を活かした無農薬、減農薬農法、さらには古くから春日地区で行なわれていた茶草場からの草を畑に伏せる茶草場農法も近年復活させた。お茶づくりにおける茶草場農法のメリットは、お茶の味や香りが増すこと、有機物の継続した投入による地力の維持、雑草の抑制、土壌の保水力の増加などが挙げられている。雑草が抑制できるということは除草剤を使わずにチャノキを育てることができるということであり、六合では実際に無農薬での栽培を行なっている。

茶草場農法の復活に中心となって取り組んでおられる春日地区在住の森善照氏(64歳)に茶草場農法で栽培している茶畑を案内していただいた。茶畑の畝の間に敷き詰められている草は、近くの山の斜面で刈り取ったイネ科草本を主体としたいわゆる「萱」だが、中に混じっているススキやネザサといったその他の草もとくに取り除くことなく使っている。とくに細かくしてから敷くということはないようだ。理由はわからないが、最もよいとされるのはヨシであり、人によっては遠くからヨシを買い付けて敷き込んでいるという。茶草場の草は年1回6月に刈り、そのまま間をおかず茶畑に運ばれ、畝の間に敷き込まれていたそうだ。茶草場農法が復活してからは、7月に刈る時期がずれ込む年もあるという。化学肥料や鶏糞など動物性の有機肥料を加えると、茶の木の生長自体はよくなるが、茶の香りは変わってしまうのだそうだ。茶を摘んでから1週間かけて切り返しという重労働を経て乾燥した茶葉をさらに揉んでつくったお茶は、昔ながらの香り高いお茶になる。また、在来種の茶の木は農薬を使わなくても病虫害に強いという。

茶草場に敷かれる「茅」

ヨシが敷かれた茶草場

茶畑に敷き込む草は、集落から登った山の斜面にある茶草場から刈り取ってくる。茶畑から30分ほどつづら折れになった遊歩道を汗をかきながら登ると茶草場まで行くことができる。最近整備された遊歩道は「天空の遊歩道」と名付けられ、新聞で紹介されてから多くの観光客を呼び寄せている。遊歩道の途中の展望ポイントから茶畑を見下ろすと、山の中にぽっかりと浮かんだ島のように見えて、少々現実味が感じられないほどだ。こんな山の斜面になぜ平らな土地があるのか。このあたりは断層が多く走っており、断層によって破砕された急傾斜の斜面は大規模な崩壊を起こしやすい。崩れた土砂がたまって山の途中に比較的平らな土地ができ、そこを茶畑として利用しているのであろう。日本各地の茶畑も、堆積層の砂層、砂礫層や、地滑り跡や扇状地の砂礫層で水はけがよく、根が深くまで入る場所にあることが多い。春日六合もその条件を満たしている。

茶草場を復活させてから、継続して茶草場の植生調査を行なっているが、年を追うごとにワラビの比率が上がっている。茶草場にとって望ましいのはススキやネザサといったイネ科の植物であり、ワラビが増えることは嬉しい状況とは言えない。一般に管理を再開した草地では、管理の程度にもよるが、春日のように年に1回の刈り取りであればススキやネザサの株が残っている限り、それらが優占するのが普通である。事実、昔茶草場として利用していたときには、ススキの優占する草地であったらしい。ササの中にササユリの葉を見つけて喜んでいたら、翌年には姿が見えなくなっていた。ササユリはササに混じって生え、管理した里山に多くてしかも花姿が美しいため、里山再生のシンボルのような扱いを受けている多年草である。林内にネザサが残っているような雑木林を皆伐した場合、藪状になったネザサの中から頭を出して花を咲かせるまでおよそ4年を必要とする。これではササユリの花は期待できなさそうである。

ワラビが増えていることと、ササユリが消えてしまったことの原因は、シカであると思われる。調査枠の中にもシカの糞が多く見られるし、切株から発生した樹木の萌芽はそのほとんどが食害を受けていた。結構なシカ密度であると思われるのであるが、その中にあって、ワラビだけがシカの不嗜好性植物であるため食べ残されている。それでワラビの比率が上がっているのだ。管理を再開した草地には、春先に日が当たることによってシカの好む草や、樹木の切株からの若芽が多く発生する。周辺には管理された草地は少ない。その結果多くのシカが食事をしに集まってくるのであろう。

昔里山が広く管理、利用されていた時代には、頻繁に人が草地を訪れて作業をしていた。人と獣の境界線が比較的はっきりしていたため、シカも頻繁には現われなかった。さらに戦後の拡大造林がシカの頭数を増やしたとする説もある。スギやヒノキを植林する前に、広葉樹林が伐採されて地拵えがされると、そこにはシカにとって価値の高い樹木の萌芽や草による藪が出現し、植林してからも植栽樹の樹冠が閉じるまでの何年かはシカの餌場となるというのだ。全国でおびただしい面積の造林地がつくられたことが、現在の状況を生んでいるのだとすれば、獣を山に押し返すためには、茶草場をはじめとする草地の利用を進めて人の生活エリアを明確にする必要があるのではないかと思う。

（柳沢　直）

# 萱場利用の調査から

少し前までは、山野に生える草木を刈り取り、田畑の肥料や家屋の屋根材として利用したり、また牛馬に餌として与えたりすることが山村では普通に行なわれていた。「草」は、特別に手間をかけて栽培しなくても、自然と山野に多量に生えてきて、毎年収穫することができ、さまざまな用途に利用される身近で重要な資源であった。

「ススキ」をある地域ではオオガヤと呼び、またある地域ではボーガヤと呼ぶように、植物は地域によって固有の名称で呼ばれているものがある。これはその植物が昔から他の植物と違うものと認識され、その地域で当たり前のように利用されていた証である。

また、一見しただけでは区別のつきにくいススキとカリヤスが、山村では明確に用途別に使い分けられ、それぞれ違う方法で管理されていた。「カヤバ(萱場)」を利用してきた文化を知ることは、暮らしに利用するための植物を細やかに見分け・分類し、それぞれの生態を知り、管理してきた山村の知識の蓄積を知ることに繋がる。この調査では、暮らしに密接に利用されていた植物のひとつである「茅」に焦点を当てて、当時の暮らしの聞き取りを行なった。

岐阜県近隣および福島県の山村において、「茅」と総称される種の一部であるススキ、カリヤスを中心に、暮らしの中でどのように利用されていたのか、利用のためにどのように管理されていたのかを２００９年から２０１０年にかけて、岐阜県立森林文化アカデミーの課題研究として調査し、記録した。

## カラムシの焼き草、フユガキなどの利用
### ――福島県昭和村大岐

昭和村は人口１３２２人、高齢化率が54・8％と全国第2位の村である(２０１５年4月現在)。その中の集落大岐《おおまた》は標高約７００ｍ、滝谷川沿いにあるいわゆる中山間地域である。正確には昭和村小野川端村大岐と表し、その名の通り滝谷川の下流にある小野川集落のあとにできた集落である。

ここでは現在は管理が維持されている草地はなくなってしまっているが、昭和30年代頃までは茅を生活に取り入れていた。ここでは、当時を知る福島県大沼郡昭和村大岐に住むK氏夫妻(昭和7年生まれ・昭和6年生まれ)に２００９年10月14日、聞き取りを行なった。

昭和村で聞き取りをしたところ、認識されていた茅は3種類あった。このうち、「オギ」と呼ばれる茅は、認識はされていたが、

他の2種に比べ集落から遠い所にのみ自生していたこともあり、昭和村で実際に使われることはほとんどなかったようである。この「オギ」については調査を十分することができなかったため、今回は割愛する。これの他に使われていた2種は「ボーガヤ（標準和名ススキ）」と「コガヤ（標準和名カリヤス）」と呼ばれるものである。この2種が地元住民に別々の名前で呼ばれているということは、別々の物であると認識され、用途などによって区別して扱われていた証であり、それ程茅が生活に密接に関わっていた証拠であると考えられる。ここではボーガヤは主に屋根材として、コガヤは主にフユガキ（家屋の冬囲い）や馬の餌、カラムシの焼き草として、それぞれ別に利用されていた。

## ●集落と採草地との位置関係

昭和村の土地利用概要

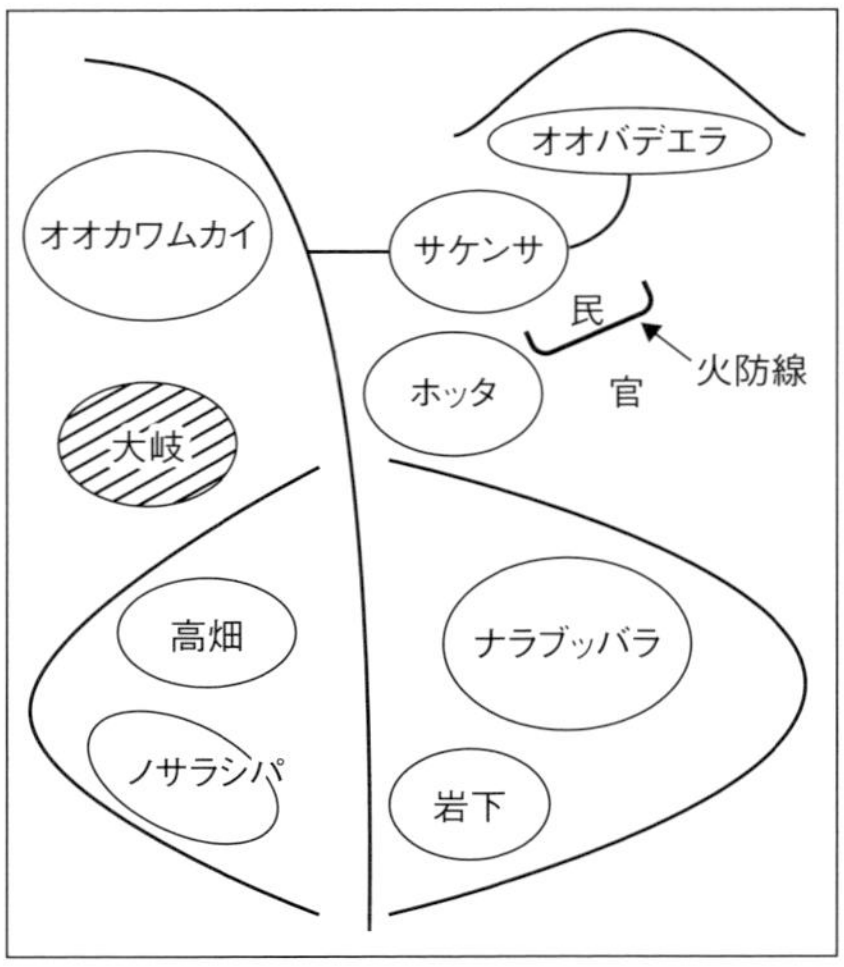


上図は昭和村大岐の集落の付近で住民が利用していた採草地の概略図である。図中では地元住民の使用する呼び名を採用している。

**【オオバデエラ（大場平）】**

ここではコガヤとボーガヤの両方を採取することができた。茅場がナラブッパラだけでは足りなくなり、新たに造成した「茅おろし場」である。聞き取りを行なった昭和村のK氏はオオバデエラのことだけを「茅おろし場」と呼んだ。「オオバデエラの場合だと、上しょいだして、ここひきおろしたんや。2本の棒やって縛って。糸をかけて、ケサゆっつけて、ここさ人が入って両方持って。肩掛けもやったりしただ。カヤは横に10くれえ、13から15ずつもつけたわい。ゴンゾリだべ。だって遊んだわい。最後には平らんなるからそこは引っ張ってやんなーなんねぇが、ここらはちっとばかも遊べねえわい」と、他の茅場に比べ遠く、山の高い所にあったため、木を2本使ってソリのようにしたものに刈った茅を積んで、斜面を滑らせて山から降ろしていた。「ほら茅場ってのは刈るから木ができねえべだべな」との話のように、茅場は毎年茅刈りを行なうため木が生えず、とくにここは山の高い所にあったためソリを使うのに適した場所だった。放牧地としても使っていたが、夏はアブがひどく仔馬が食い殺されることが度々あったという。「オオバデエラはコガヤのええのが出たからこれは全部フユガキに使っただ。終わったらそれは、カラムシの焼き草にすんだべ。一番いいんだコガヤ。あとは馬の踏み草にすんだ」。ここでは長く、いいコガヤが採れたため、ここのコガヤは再利用して使われていた。

【サケンサ(境の沢)】

　ここは火入れをしていたため土が硬くなり清水が出たほか、ホンシメジと呼ばれるキノコも採れた。これはコナラ林やアカマツ・コナラ林のほか、焼畑地や炭窯周辺など炭のある所によく出ることで知られるキノコであり、ここでは火入れをしていたため自然に発生していたと考えられる。官有地と民有地の境にある茅場であり、火防線があった。火防線とは、境界の片側の土を掘り起こしてもう片側に盛った塀のようなもので、これが境界付近にライン状に走っていた。官有地と接しているため、本来なら火入れを控えるべき場所なのだが、「山火事だちゅうわけで、みんなたいさんにはしてたっけど計算にはいれてた」。つまり、誰かが毎回こっそり火入れをしていたため、官側が火防線をつくったものである。

【ホッタ(堀田)】

　ここは「コガヤのカッタテバ」であった。「ホッタはカッタテだ。コガヤが主や。これは短いから5ワずつ、5ワだて。2週間くらい干したべー、馬の餌や。これは彼岸前もちょっと早くだ。早むけぇに刈ってまうだ。カッタテバ」。彼岸前のまだ植物が柔らかいうちに刈り干して、完全に干したものを民家の屋根裏に上げ冬の間の馬の餌にした。ここでは個人が採る場所は明確に分けられていた。

【ノサラシパ】

　茅場の造成・利用方法は場所によって異なる。大岐で「ノサラシパ」と呼ばれる原は、図のような構造になっていた。まず民家のすぐ近くにカラムシや野菜を栽培するための畑がある。その畑のうち、あまり作物の育ちのよくない畑は放棄して「ボーガヤ畑」と呼ばれるボーガヤの採草地とした。ボーガヤは畑を放棄すれば自然に生えてくるものであった。そして畑のすぐ裏には山があり、山裾の所は畑に陽を入れるため人為的に切り開いた。そこには自然にコガヤが生えてきており、そこを「カヤバ」と呼んだ。カヤバの奥である山はハルキヤマ(薪炭林のことを昭和村ではこう呼ぶ。「春に木を伐採、降ろす山」が由来と推定される。春の雪が堅くなった時期はソリを使えるため楽に材を降ろすことができる)だった。ボーガヤ畑は私有地であるが、コガヤが採取できるカヤバは共有地であった。

ノサラシパ土地利用概略図

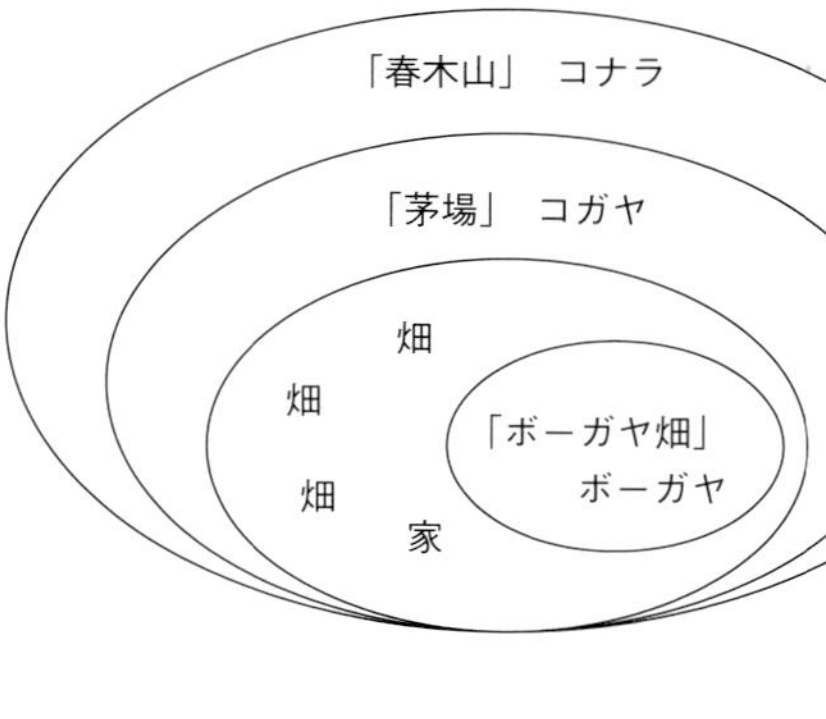


【ナラブッパラ(楢布原)】

「ナラブ田のここは、アサクサ刈り場なんだ。夏から秋になってくと、あの谷地草のあんまり短くて。馬の餌刈り場は全部飯前でったぞみんな。干さねえわい」。ここは夏から秋の間に毎朝馬に与える餌を採取する場所だった。ここでは、ホッタのように干さずに毎朝採れたての生の草を採り、馬に与えていた。「毎日しょって、しょっ手(人の手)は3ソク、馬の手は6ソク」「コガヤだとかいろいろだわい」と、コガヤをはじめとする多種の植物を毎日多量に採取していた。

ここには飛び地に谷地があり、そのほとりにコガヤが生え、さらにその周囲に林という構造がある原であった。谷地とは湿地のことであるが、どんな所か問うと「カクマなの」と応えがあった。これはヤマドリゼンマイが生えるようなほどジメジメした所という意味らしい。谷地にはクゴと呼ばれるアザミなどの谷地草が採れ、馬の餌となった。また谷地から離れた林縁のコガヤは30㎝程の高さにしかならなかったので使わなかったのだが、そこには盆花にするアワバナ(標準和名オミナエシ。アワによく似た花というのが由来)やキキョウが自生していた。そのため彼岸前にはそこに花を採りに行っていたという。

「ナラブったってあっちこっちに谷地があるわけや。谷地さあんま(背の高くなる)木出ないからちっちゃい木があんべ。そしたらこういうとこがいい草や。谷地のほとりがこげねえだっちぇえ草だから一番最後に秋の彼岸過ぎの頃、今度はこの谷地草を刈って、ネセクサって肥やしにすんだわい。腐っちまうまではおっけねえんやぞ。田んぼさはいれねぇ、畑か。ネセクサちゅうんだそれ」。谷内に生えるような背の低い草や細い木は「ネセクサ」と呼び、畑に敷いて使った。

**【オオカワムカイ】**

昭和村のK氏の話では、「オオカワムケエはいい茅だったんだ。コガヤだ。昔は馬2頭くらいずつ扱ってただ。馬もやしそっから小屋も扱ったことあんだと。ほんじゃから茅はなんじゃかんじゃと要ったわい。それから踏み草にいっぺえして、堆肥いっぺえこさえねえと、田んぼさ肥やしさねえんだから」とあり、昔は茅は馬の餌、小屋、堆肥とさまざまな用途で利用されておりとにかくたくさん必要だった。そこでこのオオカワムカイでは馬の餌やフユガキにする茅を多量に採取している場所であった。「ここの茅は長くて最高の茅」で、「早ぇぇ手は1軒で30くれえずつは刈ってただべ。そんで2日くらい刈ってんだから百何十くれえ刈ったんでねえの。これ大岐みんなで分けて。最後には共同でやっただ」と共同で利用している茅場であった。

### ■アサクサ刈り場

アサクサとはコガヤやクゴ、土手に自然に生える草など、馬の餌にする植物のことを総称して昭和村の住民が使う言葉で、それを刈る場所をアサクサ刈り場と呼ぶ。「朝に草を刈る場所」が由来と考えられる。「毎ーー日。明るくなってすぐ。毎日刈るし。それから今度は田の土手の草のほう行っと、今度はそれも刈ってきてエサにしてってただ。生き物いんだもん苦にのっけらえ毎ーー日たいがい1時間くらいだべえ。2時間も3時間もやってねえぞ」「最低6ソクはいるんだけんども3ソクくらいずつは残んだ。残るくせとっとけえなんねえだよ。しょってする手ぇは2人で刈るとか、1人で2回やるとかすんななんねえだ」。

アサクサは、必ず毎朝アサクサ刈り場へでかけて採取しており、数日分をまとめて採ってくることはできなかった。馬を連れて行って背負わせるか、人が採りにいって馬に食べさせていた。「ここが人だいぶ行ってたわい。オラも行ったし、それからサダバンジィたちも行ったし誰がどこ刈ってもいい」との話もあり、アサクサ刈り場は比較的誰が植物を採ってもよい場所であった。そしてそこはサケンサ、ホッタ、ナラブッパラのほか、水田の土手など大岐の集落から片道15分圏内の場所をローテーションして使っていた。

一方、集落から少し遠いヤナギサワという場所も利用していたと、聞き取りをしたK氏は話している。「せから今度は男の人たちは馬だとこう遠くさ行くんや。行くときは馬さ乗ってくだから。俺と親父はヤナギサワ、あそこぐにゃぐにゃ昔の旧道通ってて、ヤナギサワさ1カ月くれえ通ったたど。ヤナギサワのこう広えコガヤだ。いい草が出てたがよ。誰刈ってもいいわ。そんでおらいの親父は1カ月くらい行ったがな」「俺とトシバアであそこさ1カ月くらい通ったど。歩ってったわい、毎ーー日。けえりはオレ馬ひいて、馬は6ソクは軽くつけられっからばーさまは空身だわい。そこは管理はえぇ。これはわけておっけども誰も刈んねえし、みんなそこらで刈って。遠くだから誰も行かなかったわ」。

## ■カッチキ

田んぼや苗代へ入れるための肥料となる草木をカッチキ（刈り敷き）と呼んで採取していた。「おら覚えねえがヨアノアケダとか、そっからオンザだとかサケンサの奥の方はあのカッチキちゅう刈っただ。昔は。ナーショウガッチキでねぇ、田んぼの方さいっただ。おらシライワさいって、おらいの親父は行った覚えはねえだがトシバアがいって、おれしょいだし方やったことあんだ。カッチキちゅうのはアザミでもなんでも。ナラのほきたのもやし、ウツギも切るしジサガラもやったし。田んぼさやんのは小切っただわい。こうやって小っちゃく。アザミだの我々は刈るようねえべ。おらいのトシバアたちやっただ。それからヨノクサをちょっと掴んでそれでまいて刈るとか、ハリでもなんでもトゲちゅうは天にこう上向いてっから下からこういうふうにして掴むのがいいんや。なるったけアザミのツクツクっちゅうとこは真ん中さやって、うわかさはトゲのねえようなのでからむようにしてしただ。俺それヨッパしょわされっただ。ヨッパライなるまでや。飽きるまで」。

カッチキには茅だけでなく、アザミやヨノクサなどの草、鎌で刈れる程度の細い木や、ミズナラの木などナラ類のほきたもの（萌芽で出た細い枝）など、なんでも使われていた。これを採草して束をつくって里まで持ってきて、田や苗代へ入れるときは細かく切った。運ぶ際にトゲが刺さらないように、トゲのある草は束の中に入れて結わえた。田んぼに入れなくなってからも、苗代には最近までカッチキを入れていたそうである。

「カッチキも一番最後まで刈ってたのはナーショウガッチキだって。ナーショウ専門にしとったべ、それはウツギでも木でもなんでもカマで刈られる程度の切って。苗代の土な見えねぇほんど。草なんでねぇほど。みなずーっと並べてしいただ。種まいて終わった苗代さそれやってただ。だいぶ遅くまでやってた。ほんじゃから草も出ねぇし。肥やしったって別に何もやらねぇだぞ、昔はそれだけやぞ。高いところでねぇ。こうやって切れるような（生えている木の高い所を切るのではなく、手元で切られるような高さで切った）。毎年切っからそこらのナラブの下でもサケンサでも小っちゃい木なんぼでもいっぱいあんだわい。カマでこれよりちょっと太いくらいまで。このくらいはカマで切られっから。ほんでみな切ってしょってきてみなしたんだべだ。カッチキなんて近頃までやってただべな」。

## ■カッポシ・カッタテ

カッタテバとは刈り立て場、つまり刈ったコガヤを立てて干していた場所のことである。刈り立てる作業のことは「カッポシ」と呼ぶ。また刈り立てたものを昭和村では「カヤボッチ」と呼んでいる。「馬屋さぶちこむカッタテなんどはみないい草ねえから。大概最初ホタラみたいなが刈っておっけで、それからその次いいの刈っておっけで、くるっとまくようにしてホタラをいいコガヤで包むように結んでたんだ。コガヤと一緒に出てるワラビ全部根っこから刈って。ホタラは格好悪いから、それやからコガヤでこう包むようにして一パ（一束）にする」。このような所ではコガヤが主だがその他にも様々な草が生えており、まとめて刈って馬の餌に使われていた。

## ■コガヤの再利用

オオバデエラやオオカワムカイで採れるコガヤは3週間程干したあと、家屋のフユガキに使われる。春になりフユガキが不要になるとそのフユガキにされていたコガヤはそのまま馬の餌やカラムシ焼きに転用された。

このフユガキは、昭和村大岐では刈って干したコガヤをそのまま使っていたが、喜多方市山都町堰沢集落ではコガヤを編んだものをフユガキとしていた。そのためか大岐のフユガキは翌春に牛の餌にしていたが、堰沢集落の物は4、5年は同じものを使い続けていたそうである。また、馬に餌としてコガヤを与えるが馬はすべてを食べるわけではなく、食べ残しのコガヤは馬の糞と混じって馬に踏みつけられフミクサとなる。これは田畑に使えるよい肥料になる。

■カラムシ焼きとの関わり

昭和村はカラムシと呼ばれる上越布の原料となるイラクサ科の植物の栽培でも有名な地であり、このカラムシの栽培に茅は欠かすことのできない植物である。カラムシ畑に火を入れるカラムシ焼きでは、その焼き草としてコガヤが用いられていた。コガヤは音もなくきれいに、火力も丁度良く燃えるので適していると言われている。ボーガヤでは長く火が伝わり根まで激しく燃えてしまうし、燃えカスが残り発芽の妨げになってしまうので、適さないという。

カラムシ畑には動物除けと風除けのために茅で垣をつくるが、これにもコガヤが使われていた。

■スゴ編み

スゴとは焼いた炭を包むためのものだが、これにはボーガヤが使われた。「大体ボーガヤはあれだど、屋根草とスゴ。スゴだって1年に200くれえは炭焼くだから。人がまあ焼くと普通30は出んだから。それまで、1週間なら1週間で30枚はなんでかんでこさえんならん。みんな我が家でスゴやってただ。女の手ぇスゴ編み大変だっただ。縄より、スゴ編みだわい。おらたち200焼くころ、ヒサオなんのなんでもいい炭焼いたらあれなどガサヤキで400も焼いたんだから。そんで金ためて土地買って家建てたんだぞ。なんぼまでしてやってたか知んねーだけど。なんべんしたか、タバコであれ花であれ、ふらふらってやったんではだめなんだ、炭焼きでもなんでも本気でやってそうやって家建ったり何かしたんだから」。

■ススキとカリヤスの利用目的

左表は以上に紹介したコガヤとボーガヤの用途などをまとめたものである。これまで紹介したほかに、本研究では詳しく触れないが、ボーガヤはサイの神やオバカリなどの年中行事のためや、炭俵や屋根材などに使われていた。

また、以前までカラムシ焼きの垣はコガヤを使っていたが、現在はボーガヤを使っている。これは単にコガヤが以前程採れなくなってきたからであると考えられている。

また、福島県田島町教育委員会によると、「奥山ほど茅の質が良く、元は太いが末が細く、アサ幹のようである。里山のものはメブトガヤといって全体に太く葉が繁っているため、屋根がぞっくりと腐りやすい」「茅場はやせ地ほどよく、平地の地伏のよい場所

昭和村の茅利用

| | コガヤ | ボーガヤ |
|---|---|---|
| 標準和名 | カリヤス | ススキ |
| 用途 | 馬の餌／フユガキ／カラムシ焼きの焼き草と垣／田畑の肥料 | 屋根材／サイの神[2]／オバカリ[3]／スゴ[4]／カラムシ焼きの垣(現在)[1] |
| 刈り時期 | 彼岸前(9月上～中旬)(まだ柔らかい時期) | 彼岸過ぎ(10月上旬)(降ろしやすい時期) |
| カラムシのための刈り時期[1] | 彼岸の頃 | 文化の日の頃(葉が落ちない、霜が降りた後) |

1）カラムシ焼きは現在も行なわれているため、このデータは現在のもの。現在は垣にボーガヤを用いている
2）過去は芋殻を用いていたが、昭和40年代頃から使えなくなり、ボーガヤが代わりに使われるようになった
3）麻畑に種を播いたあと、ボーガヤを2本畑の真ん中に立てた。種を播いたというサイン
4）炭俵。スゴ用のボーガヤは霜が降りる前の9月中には採る

の茅は末の方まで太くて使用し難い上に腐りやすい」といった2つの事例が調査・報告されている。

今回の聞き取りの内容から、ボーガヤは手を入れずに放置したおいた所に自然に生えてくるものを利用するが、コガヤは伐採するなど人が手を入れていた所で採取されていたという傾向が読み取れる。近年のコガヤの減少には、人の手が加わっている草地が以前より少なくなっていることが関わっているのではないかと考えられる。

また、福島県会津地方には古くから屋萱(屋根葺き用の萱)や冬囲いのための茅を積極的に他から移植していたという記録が残っている(佐瀬与次右衛門の「会津農書附録」)。これは1684年から1709年にかけて書かれているものであるから、少なくとも300年以上前からごく近年にかけてまで茅が利用されていたことがわかる。

## 馬の餌、堆肥としての利用
### ——長野県木曽町開田高原末川(藤屋洞)

旧名は長野県木曽郡開田村大字末川藤屋洞《ふじやぼら》。木曽町の人口は1万1826人(2015年4月現在)で、2005年に開田村、日義村、三岳村、木曽福島町が合併してできた町である。合併前の開田村の人口は1922人(2007年10月現在)であり、標高1100m前後の開田高原に位置する村である。開田高原は木曽馬で有名な地域であり、高原全体が馬の餌を採るための草山であった。現在わずかに残っている半自然草地は牛を飼育している住民が、個人的に所有・維持管理している場所である。

ここでは、長野県木曽町藤屋洞に住むT氏(昭和6年生まれ)に、2009年12月11日と12月18日に話を伺った。

### ●ススキの利用目的

藤屋洞ではススキ草地であるカルブシヤマ(地元の呼び方。「刈り干《ほ》し山」が由来)を、ヤマヤキとカルブシ刈りを2年に1回ずつ行なうことによって現在まで維持している。秋になるとカルブシを干したクサニオを見ることができる。ススキは古くから馬の餌としてのみ利用され、それ以外にはほとんど使ってこなかったという。またアワ、ヒエ、稲などの穀物の殻もすべて馬の餌にしていた。炭を焼いている家も数軒あったが、炭俵をススキで編むため馬を大事にしていた人は炭を焼かなかったそうで

藤屋洞のクサニオ

ある。このカルブシヤマは冬の間馬に与えるための草を採取する場所であり、夏の間はナマクサヤマと呼ばれる採草地で草を刈っていた。「カルブシも結局馬が食べて、余った分は踏んで堆肥になるからさ」。馬が食べ残した茅などの草は、堆肥に利用された。

寒冷地である開田高原では馬は肥で田畑を温めることができるため大切なものであると言われており、生活の中で馬の優先順位が特別に高かかったことがうかがえる。また開田村の古くからある家屋の屋根材は、クリ・カラマツ・サワラのほか「まあナラの木でもやったけどあんまりはなかったかもしれないな。使うには使った」などの板葺きであり、草屋根を利用していた文化はない。

### ●集落と採草地との位置関係

下図は聞き取りにより作成した土地利用の概略図である。集落の周辺にはカルブシヤマと呼ばれる現在も火入れ(ヤマヤキ)を実施している草地が広がり、水田はその裾に広がる。水田が末川沿いの平坦地にあり、集落がカルブシヤマのある斜面地にあるという構造である。

ここで聞き書きを行なったT氏は「ナマクサヤマは平坦地。南向きとか西向きとか、日当りのいい傾斜地のほうはみんなカルブシヤマ」、また「昔は焚き物を切るに、峰とか日陰山に生えとる木を切ってきたんやわ。あれはキタヤマ」と話された。地形によりナマクサヤマ(夏の間牛馬に与える餌を毎日採集する場所)は水田周りなどの平坦地、日当たりのよい斜面をカルブシヤマ(冬の間牛馬に与える餌を冬前に採集する場所)、日当たりが悪いため餌によい草が生えず、薪になる雑木を伐採する場所をキタヤマ(昔はここでは山からソリヒキで薪をおろし、川の中をしょって薪を運んでいた。20年に1回ずつ薪を採る区画を変えていた。現在はゴルフ場になっている)と、地形等により用途を分けていたことがわかる。

藤屋洞の土地概略図

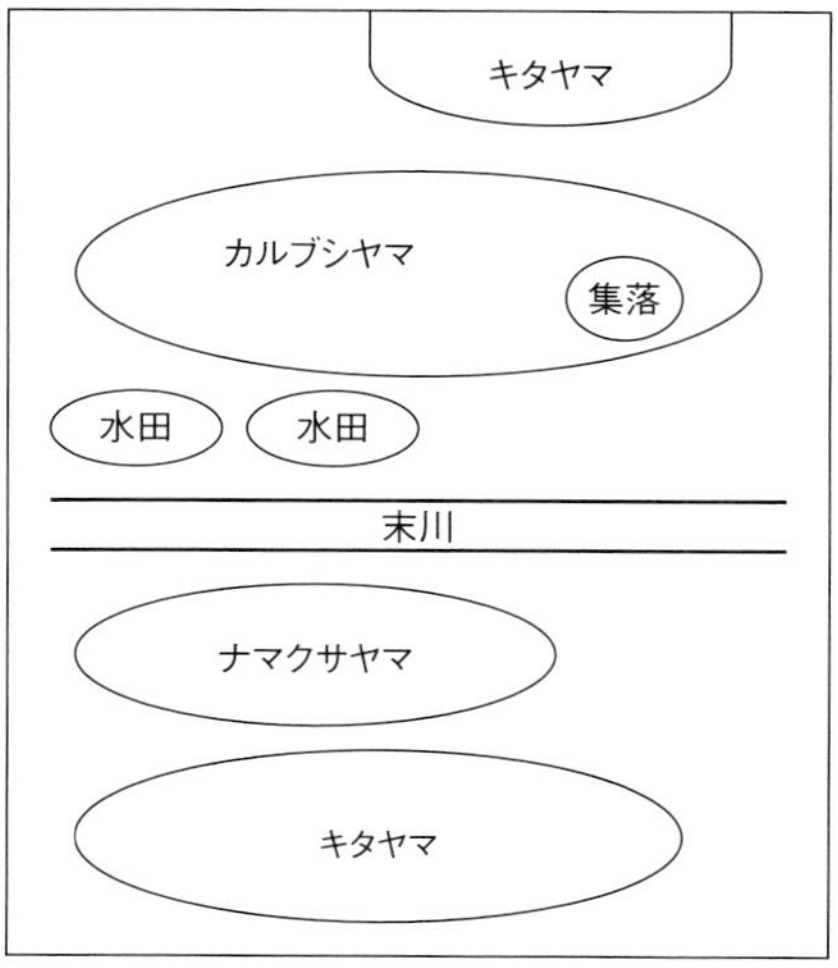


### ■カルブシヤマの管理

開田高原のカルブシヤマについて聞き取りを行なったT氏から管理の方法について話を伺ったところ、ここでは現在も火入れによる管理をしているとの話があった。

「1年通じて簡単といえば簡単なことなんですよ。見るとおりススキばっかりの所もあるし、刈ってしまったこともあるけども。春の野焼きからやればいいんだわ」「5月の初旬に、集落単位で野焼きをするんだ。昔はここの集落ならここの集落だけで自分の山の管理をしてたんだ。今は消防団員も応援にきて警戒にあたっとる。今4月にやっちゃうでしょ。消防団がでないと野焼きもできなくなっちゃって、消防団の都合でやっちゃうから、昔よりずっと早くなったの。まあ言えば本当は早く焼くと山がやせるということを年寄りが言ってたよ。いくらかススキの芽が、1cmか2cmになる頃に焼くと一番いいそうだ。今そういうことかまっとらんで都合の良いときにやるで、それで早くなっちゃったの」

「それでいったんヤマヤキやるとそれからずっと大事にしておいて、9月の半ば頃からカルブシ刈りが始まるわけ。ヤマヤキやった年は焼いた分だけは刈るの。次の春には、今度はまた他の山を1年交互にやるから。1年は何もしないんだ。また来年焼くだな」。4月頃に山を焼き、そのまま何もせずに放置しておくと、9月頃にはススキが生えてくるため、それを刈り取って干し、冬の間馬に与える餌とした。

1年あけて焼く理由については「草を保護するためにさ。毎年刈ったんじゃそりゃ、いくら雑草でも。ナマクサヤマとは違ってなんでもあるもの刈ってくるじゃなくて、ススキとか、ススキに混じったものを持ってくるにはススキ山でなければ越冬用のカルブシはできなかったから」。夏場の馬の餌をとる「ナマクサヤマ」と違い、冬場の馬の餌をとる「カルブシヤマ」は2年に一度の火入れによる管理を行ない、この2つは管理方法、利用目的が明確に分けられていた。

「そんで今から80年か95年くらい前までの人はそういうもの取るにはすごい苦労したんだよ。峰の向こうまで行ったりさ。刈ってそのまま置いとくわけにいかんし、まとめておいて、それでそれこそ朝3時頃起きて馬をひいて馬にしょわせたり人がしょったりして行って取ってくるんだぞ。夜明けまだ暗い暗い。ちょっと気の早い人は提灯持って行ったような話もあるからさ。こっちから草を持ちに行く人に、早い人は全部馬につけたり自分でしょったりして途中で会ってくるわけだよ。とりっこじゃないから慌てる必要はないけども。そういう、人より1時間も2時間も早く早くという人がおったもんでな」。福島県の昭和村と同様、冬が長い旧開田村では、夏のおわりから秋までの間に毎日カルブシヤマに通って冬に備えていた。

## ■カルブシヤマの共有地

「カルブシヤマもね、地方によっては20年のとこと、15年のとこと10年のとこと。そんで草山だからもう一面に野焼きして共有地でくじを引くからその山はクジヤマという名前がついてるんだ。そのクジヤマというところは、向こうの山今年やれば、今度はこっち側は来年やるということを交互に交互にやって、それで毎年クジヤマの方へも2年に1回のヤマヤキには行ったんだよ。野焼きしないと草刈れないから。本当に、全部一面にざーっと野焼きしちゃうからもうすごい焼け野原。20年に一度くじ引くとこが一番長い年だったと思うけど、大体20年にひと変わりひと変わりとしとったんだわ。このへんでもカルブシの山が少ないから、この向こうの峠を峰を越えて向こうに行ったところに共有地があって、そこがクジヤマなんだよ」。

共有地であるクジヤマも、火入れは共同で行なわれていた。ただこのような山も、化学肥料などが発達してきて奥の山の方からだんだん使われなくなってきて、現在では山林になっているという。また、一時期には県の政策で、補助金でこのような草地に植林が活発に行なわれた頃もあったが、その植林地も現在は放置されているという。

## ■クサニオのつくり方

カルブシヤマで刈った茅はクサニオにして山に干される。「草を刈ってニオにするのに棒(ニオクイ)に草をつる。つっとかないと落ちてきちゃう。最初は棒の周りに草をある程度立てて、その上に棒に束ねた草の穂を上にして巻き付けて、屋根か傘みたいにしてつるすようにしないとああいう状態にならない。だんだん上にあがってってあの形になる。草の量によってたくさんあるところは多くくくりつけていかないとだめだし。昔の人は面積みただけで何束できるってのがわかるから。そうすると上にずっとはできないから元に敷くのからたくさんにしていかないと。束の上に乗って、棒を支えに登ってって下の人が、こう取ってやって届く高さじゃないと。登ってても大丈夫なんだけどだんだん急になるから。降りてこないといけないから最後が大変。

そうやっといて、秋10月の終わりから11月頃に、しょいに行く。それで持ってきて草小屋に保管しとくわけ。だからすごい草の量を一ぺんに保管するには、その方法しかない。刈って何個かずつ、3束とか4束ずつ集めておいてもいいけど、そうするとあとの作業が大変でしょ。一ぺんに集めてそこに置いたほうが効率的に後仕事ができる。持ちに行くときにも、あちこちに3束、4束置いとくと、山中歩かなきゃいけないでしょ。そこの場所に行けばもう何十束という束がニオのところにあるわけだから。効率よく草を持ちに行くためにもその方法じゃないと。乾燥とね。

あれは完全に乾いてないときに持ってきて草小屋に入れるとカビてしまうんだよ。それと草を刈って束ねてつっとけば家まで運びつけるときに時間がないのよ。そのためにああやって乾燥かたがた雨風をよけるためにニオをとっておいて。秋口にしょってくるんだ」。

「脱穀中(脱穀で忙しい秋の間)でも朝早く、朝ご飯前にその草(クサニオ)を集めにいってくるんだ。脱穀するまで寝とるじゃなくて早く起きてさ。そういうまとまったものを片づけるには本当に、なんでもかんでも暇があったり、朝飯前に。薪でもそうやって朝早くに行って取ってくるだ。朝飯前は年中。夏になればナマクサ刈り。ズクのない人、朝寝坊する人はそれができないし」。

■ナマクサヤマとカルブシヤマの違い

「ナマクサヤマだって、カルブシヤマだって、見渡す限りあったんだよ。ナマクサヤマは平坦地。南向きとか西向きとか、日当りのいい傾斜地のほうはみんなカルブシヤマなんだよ。ナマクサは雑草だ。夏の草だからみんなナマクサ、主にススキだ。もう80％ススキだよ。ナマクサヤマはどんな草でもピンからキリまで出てくるから、それを青いうちに刈って馬に与えたり、堆肥にしたりやったんだわ。湿地とか、畑や田んぼの周囲にあるものはナマクサなんだよ。湿地や平坦地の雑草は、いろいろ混じっとるけどもカルブシにしようにも草の種類が違うからなかなか乾かないですよ。乾きやすいのはススキが乾きやすいから、冬の餌に」。

馬の冬の餌にする草は、乾かす必要があるため乾きやすいススキを中心にカルブシヤマで採草し、夏の餌にするナマクサはなんでも採ってきたという。

「地形的にね、平坦だと草を乾かすに効率が悪いんだよ。それともう一つは田んぼや畑の周辺だから草ボーボーにしといちゃ作物に影響するし、草が長いと歩くにも大変だもんで、田んぼや畑の周囲は即刈るから1年に2回ずつは最低刈らなきゃいけないんだよ。こまめに刈る人は3回くらい刈る人もあるが、大体は2回。6月の終わり頃刈って、またお盆過ぎに、8月の終わり頃刈るんだ。そんでカルブシはそういう斜面で刈ると乾きがいいんですよね。そんで草も揃っておるし。車で走ってても今の枯れ草がススキでぱーっとキレイに揃ってるでしょ。ああいう状態がカルブシヤマなんだよ」。

■ナマクサヤマの共有地

「ナマクサは家の周囲や田んぼの周囲で間に合わせるようにしとったからさ。（カルブシヤマの共有地である「クジヤマ」と違って）共有はあってもそれは今度はくじ引きじゃなくて、全体が草山なもんで適当に早く行って刈った人の勝ちよ。このへんもそうだったよ。時々ちょっとした共有もあるけども、朝早い人が勝ち」。

■お盆に供える花

「昔はキキョウとオミナエシを使ってましたけど。今は少なくなってしまったから。キキョウとかオミナエシはその辺草山にいっぱいにあったんだよ。それこそ夏草刈るところとかさ。それからあの干草。カルブシ刈るところとかさ、生えるところには結構生えとったんだ。もうそれでとくにこのへんうちの周辺にはたくさんあったんだよ。これがトンネルくぐってちょっときた集落から奥の方にはキキョウがないんだよ。角塚里（カクズカリ)とか、この辺から奥にはない。西野もあるところはたんとない。末川から向こうにはなかった。その他のところはあってもまばらだったし。(それら他地域とは違って、藤屋洞は)もうこうやって見るとさ、本当に真っ青になるくらいキキョウあったんだ。群生地はここらへんだけ、決められておったような感じだったよ。で、木が生えてくると日照不足になるもんでそんなもんなくなってしまう。俺が坊のときなんかよその集落から採りに来るでしょ、(両手で輪をつくって)これくらい持って何人かで採ってくんだよ。それくらいあったわ。最近は少なくなって本当にまばらになっちゃったけどさ。そんでキキョウもってきて畑の中に植えとくと、ものすごい威勢のいいキキョウで、1mくらいになるよ。それで結局このへんがキキョウには適しておるんだよ」。

■牛の一日の食事量

「例えば夏、ナマクサの場合は堆肥をつくる関係があるもんで、6パでも10パでも、その朝確保できただけの分を与える。カルブシの場合は食べる草がたんとあるときは1頭当たりに大きな束2ワくらいの割合であげるんだわ。多いときは3束でも4束でも。大体は冬の場合は2束か3束」。

■作業小屋

また、藤屋洞の北東にある髭沢集落の住民は薪やカルブシを採るために小屋をつくっていた。

薪は、片道2時間程かかる場所まででも採りに行ったという。「髭沢というところはもっと奥まで行ったんだわ。他は山が近いからやってなかったと思うけど髭沢は小屋をつくってた。薪をとったり、カルブシをとったりするときに仮寝の宿があったんだわ。昔は板とかコンパネとかトタンはないから山行ってモミの木の枝切ってきて。薪とるときに2日か3日使うだけだから何日も寝るわけじゃないもんで。カルブシは秋だし、薪は春だから、ちょっと風と雨なり雪なりしのげればいいから。そういう小屋つくってあったよ」。

農作業の終わった秋じまいから冬雪が降るか降らないかまでの短い期間や春先に1年分のカルブシや薪をまとめて採っていたためだという。冬期間以外の、とくに9月から11月は農作業に忙しく薪を採る暇がなかったのと、開田村では昔山で割った薪を春の雪解け水を利用して川で運搬していた「カワガリ」(この作業は個人ではなく、「今日は○○さんの家の分を流す」と集落内で協力して行なわれていた)と呼ばれる作業があり、春先の短い期間にまとめて山から薪を運んでいたそうである。

9月から11月にかけての農作業・その他の作業の手順

| | 9月 | 10月 | 11月 |
|---|---|---|---|
| 刈り取り | ●カルブシ ⟶ ●ソバ ●アワ ●ヒエ ●米 ⟶ ●マメ(大豆) | | |
| 脱穀 | | ●ソバ ●ヒエ ●アワ ●米 ⟶ | ●マメ |
| その他 | | ●カルブシのニオ崩し ⟶ | ●薪 |

■秋から冬までの仕事（前ページ下図参照）

「9月はカルブシを刈って、それを片付けておいて。ソバがカルブシの次。それからアワが10月初め。あの頃は霜も早く来たから慌てて刈らないと大変だった。それからこれが3日くらいはかかったから、今度はヒエ。続けてずっと。それをやってから今度は米。米が大方10日くらいかかったかな。それが終わると今度はマメ、大豆。大豆は大体10月の中頃。それでマメが収穫終わると今度は脱穀だ。ソバの脱穀は10月中。ヒエ、アワ。これはどっちでも。天気の悪い年はアワがあとだったんだ。最初に刈るには刈っても、乾いてないとアワは脱穀に苦労した。落ちが悪いから。刈る順番はそんないな順番で。その後は今度は米の脱穀。これはね、今でいう文化の日。11月3日。昔の明治節。おらいの頃は大体1週間から10日くらいかかったんだ。足踏みでガタガタガタガタ。それでマメ。カルブシは11月のその脱穀が終わったり、脱穀中でも、手間があったりズクがあったりすると朝ごはん前に山にいってニオを崩して持って来るんだわ。それでもう11月の半ばっ頃にはこれもおやさんと雪が降ると大変だから。もう11月になれば雪がちらちらと舞ったからさ。今みたいにあったかくない。

米は今はこの温暖化で多少ちがうようなったけど、昔は本当にワセを植えてないと。早く実るやつ。ワセ種。今はあんまり早いワセを植えても反対にだめなんだわ。収量が少ないし。

ソバは、種がなる年もあるし種がならない年もあるんですよ。今年みたな天候のときは。不順なときはソバは3割減。ひどいところは4割減だったみたい」。

■カルブシと作物殻の保管方法（フタ）と再利用

「草は、持ってきて屋外に置くと雨や雪でしみて腐ってしまう。そうすっと食べられなくなっちまうからちゃんとした立派な小屋をつくって。草小屋ってどのうちにもあったんだ。草以外には別にないな。ワラはハゼにかけたまんまだし。ソバ殻は、雨よけにイナワラのハゼの一番上にカサにしたんだよ。あれ昔は、シートかけなんでソバ殻でかけてあったんだわ。今は機械で刈ってしまうしだめだけども、あれが一番よかったんだ。ワラを保護するためのイナワラのフタだわ。ソバ殻は腐らないから屋根にちょうどいいんだ。屋根にしたあとは畑や田んぼの肥やしにしたわ。

イナワラはどっちみち昔は馬だったけど牛の餌にしたから。アワもヒエも餌にした。ハゼかけにしといて、脱穀してからもちゃんとハゼにワラみたいにかけといてアワのフタ、ヒエのフタ。昔は本当になにもソツにするものなかったよ。何かにこう使ってさ、知恵があったんだと思って。そんで大豆の殻も馬や牛の餌だし。それもハゼかけにしておいて。そして豆脱穀してその殻はハゼかけしてまたソバ殻でフタをつくって。あれは本当に水はけのいい品物だからさ。何にでも重宝された。他にはね、昔は風除け。風の強いところはちょっと柵つくってさ、それにもソバ殻使った。ほら、アワやヒエの殻は馬や牛にあげなっきゃいけないから、そんなもので風除けできないもんで、ソバ殻使ったところもあったんですよ。ソバ殻はたぶん食べないと思う。食べさせたためしがないよ。そしてそのカルブシ集めを草小屋に全部つめてしまう」。

### ■堆肥

「カルブシもナマクサと同じで、全部食べれるわけじゃないもんでその茎とか雑草とかいうものは結局踏んでまた堆肥になるわけだ。あのまま小屋に入れとくと腐らない。あのままにしておくと空気が入るところがないでしょ。下からだんだん積み上がってくるから腐らないのよ。そんで外へ出していったん空気にあわせたり水にやったりして発酵させて腐らすんだわ。

あれは絶えずたくさん飼ってる人は毎日出すんだよな。貯まっちゃうと大変だから。ひとつやふたつ飼っとる場合はそのまんまにしといてあとで一ぺんに出すんだわ。

腐って堆肥になるには半年くらいかかるよ。今出したやつが春まで置いて4月、5月頃田植える前に田んぼへ撒くんだわ。田起こしやる前に撒いてすき込んでしまうから。夏から冬は貯めておいて。それで夏のやつは秋に出しとくんだ。冬のやつは春だすよ。で結局冬期間と夏期間の関係がいくらかずれてここは冬期間長いでしょ。まだ雪あったり寒いから3月やそこらに出すわけにいかんのだわ。早く出しても気温があがってこないから腐りが遅いのよ。でちょっと暖かなった5月頃出すのよ。

これから(12月以降)のやつは4月の終わり頃出して6月頃の、5月の終わりから6月にかけての畑の堆肥になるんだわ。畑はね、ある程度本当の堆肥になってなくても完熟になっておるにこしたことはないんだけど少しくらい若くても使っちゃうわ」。

### ■木曽馬とカルブシヤマ

開田高原では昔から木曽馬が各家庭で飼われており、その飼育のためにカルブシヤマやナマクサヤマが管理されていた。「どこのうちでも2頭か3頭いたんだ。肥やしつくりと仔馬を繁殖させてそいつを持ってって生活したんだ。それでここで今牛も生産して市場に出して売るのと同じことやってたんだよ。

牛は大体10カ月前後で販売できるけども馬の場合は2歳にならないとだめだったんだわ。2歳以下は未熟でだめだったんだ。1年くらいで売ってしまうと今みたいに餌とかおっぱいの変わりになるような補助食がなかったから。2歳じゃないと買った人も困るわけだ。結局馬と牛の体質がそれだけ違うわけだ。同じ内蔵物でも。牛なんか今はいい飼料ができたからさ、生まれてそのまんま持ってきて人工のおっぱいだけで飼育しとるんだよ。そういうのいっぱいあるんだわ。馬はそんなわけにいかん。育たないんだわ。中途半端なことをすると馬は牛より大変だ。今はいくらか発達した餌とか飲み物あっても馬はまだそれまでやってないから。

なぜ堆肥とりというので動物飼っててやめたかっていうと、馬はやめる頃は牛の大体3分の1くらいの値段にしかならなかったんだよ。それでは経済的に不合理だということで牛に変えたんだわ。それは30～40年近くになるな。その頃から変わってきたんだわ。一番先入ってきたのは乳牛だった。でも乳牛はここでは全戸が飼うような状態ではとてもじゃないが採草地がなかったんだよ。乳牛を飼ってるとそんなお粗末な餌ばっか食べとっちゃ乳がでないでしょ。だからほうぼうで何人もやっとったけども不可能な状態だったんだわ。それでやめちゃった」。

現在も使われている牛小屋と草小屋

現在は木曽馬を個人で飼育する人はおらず、もっぱら肉牛の餌の採集地として使用されているものの、当時の管理が続いていることが今草地の維持に繋がっている。とは言っても現在残っているカルブシヤマだけでは牛の餌に足りず、外国から移入したチモシーやオーチャードグラスなどの牧草も並行して与えており、そちらも牛はよく食べるそうである。これらの牧草は現在田の跡地に蒔いて栽培している。また、馬はススキを好んで食べたが、牛はススキの嗜好性が低いとも言われており、カルブシヤマと木曽馬という2つの文化のセットがごく最近まで開田高原の草地を維持してきていたことが今回の聞き取り調査および聞き書きからうかがえた。
また、聞き取りや当時の地形図からも過去には集落の周辺はほとんどが木曽馬のための大規模な草地だったとわかる。

2008年秋に刈り取りが行なわれ、2009年は何もしていない草地。今回はこちら側の草地内で植生調査を実施した(2009/11/9撮影)

刈り取る前のカルブシヤマ(2007/8/21撮影：柳沢直、上の写真も)

# カリアゲの管理とススキ・チガヤ利用のルール
## ——岐阜県恵那市明智町馬木

旧岐阜県恵那郡明智町は、岩村町、山岡町、串原村、上矢作町との合併により恵那市となった。総人口は5万１０７３人である（２０１５年４月現在）。明智町の合併前の２００４年10月１日時点での総人口は６５５８人であった。馬木の集落ではカリヤス草地の草を田畑の肥料にするという利用がまだ数人の住民によって行なわれている。ここでは山の入りになっている所（少し谷が入っている所）に田畑が段々になって配置されている場所があり、今回はそこの田畑の周辺の山裾に残っているカリヤス草地について調査を実施した。

ここでは、馬木《ばき》に住み、万ヶ洞の草地を管理しているK氏夫妻（昭和5年生まれ・昭和6年生まれ）に、２００９年12月20日聞き取りを行なった。

### ●草を刈る目的

まず、今現在もここでカリヤスを主とする草を刈っているのは、田畑に日光を入れるという目的に付随した、こんにゃく畑の敷き藁として使うためと、田畑に肥料として漉き込むためであることが、聞き取りからわかった。「こんにゃく畑に敷くには

こんにゃく畑の敷き藁

旧明智町馬木のカリアゲ

カリアゲをシタガリした所。上の雑木林は刈る権利がないので刈らずに残してある

2009年には刈らなかった側の斜面

カリアゲ配置概略図：馬木

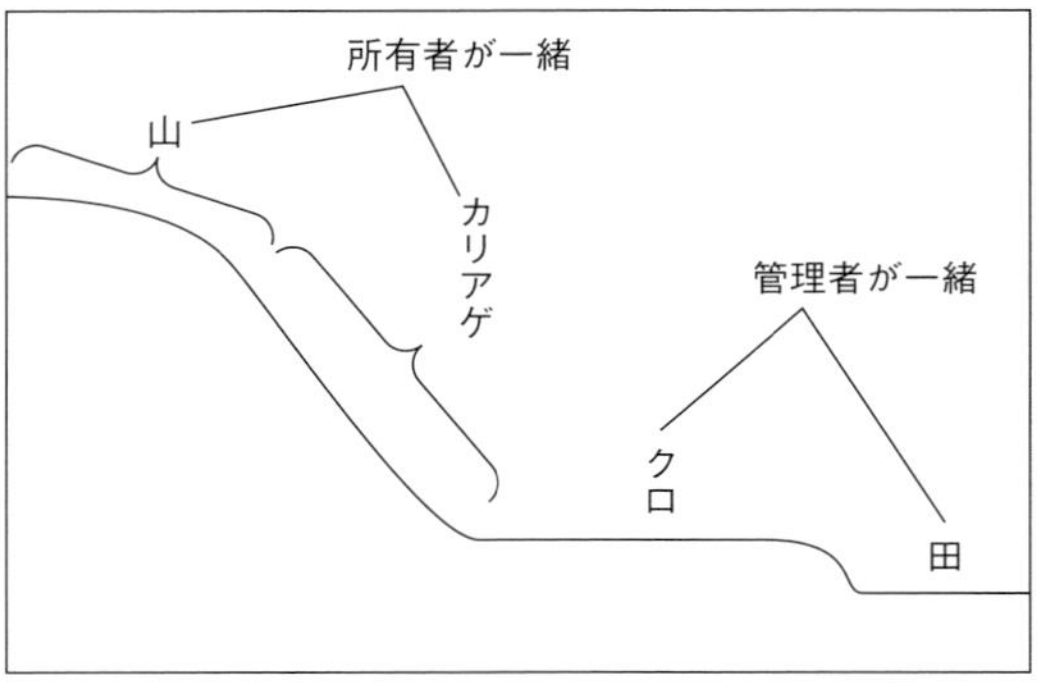

ヤマクサを重ねて保管

茅が多いにこしたことはない」という方もいた。その草（地元の方は総称して「ヤマクサ」と呼ぶ）の刈り取りは10月の稲刈り前で、田を挟んだ両側の山の斜面を1年ごとに交互に刈り取り、利用しているものである。藤屋洞のような火入れは行なっていない。

## ●土地利用

山裾の草地をどのように利用しているのかを表した概略図を上に示す。ここでは山のすぐ裾にある田んぼの所有者と山の所有者はまったく別の人物であるが、山裾の「カリアゲ」と呼ばれる草地の部分は田の所有者が自由に刈ってもよい権利を持っている。カリアゲを刈ることをシタガリと言い、ここがカリヤス草地になっている。

２００９年10月に刈り取りを行なったカリアゲの上の方にある木が茂っている部分は山の所有者の管轄である。クロを挟んで反対側には畑が広がる。また、馬木ではヤマクサを重ねて保管する。このようなヤマクサを保管するための簡易な小屋は明智町の至る所で見ることができる。また、他調査地のようにカヤボッチやクサニオのようなものはつくらず、地面に寝せておくだけで干すという。

### ■牛の餌

昭和30年代頃までは万ヶ洞でも牛を飼っている家が数軒あった。

「牛ちゅうものは藁が大事やもんだ。夏、鎌で畦の草を刈って干いて干し草をこしらえといて。藁も手で刈ってハザかけて。藁と干し草とそっからカラコ。小麦の一番表の皮をカラコっちゅうわな。昔は小麦作ったやら。カラコと干し草と藁とを混ぜて喰わせにゃならん。牛を飼うにはそんだけけんの餌がいるもんだ」。ここでは、牛に与えていた餌は6・7・8月の夏の3カ月間はクロの草（畦の草）などで、冬の間は夏の3カ月間の間につくっておいた干し草（クロの草を干したもの）と、カラコ（小麦の殻）、藁を混ぜたものを与えていた。

「草もよう乾燥させせとかんとあかんわけだ。草は7月頃に伸びてくるもんでそれを刈って生だとかびちゃうもんで干してしまっとくわけだ。それだもんで百姓専門でおりゃ一年中何かに手がかかるもんだ。夏のうちは生の喰わせる。朝一ぺんと、晩。1日に2回やないかいたしか。たいてい2回やと思ったな。

牛にその日に食わせる生の草も刈らんなんし、来年まで喰わせるに蓄えとく草も刈らんなんわけだ。藁小屋の2階に入れてとっとくわけだよ。カラコは店で買ってくる。頼めば店に売りがあるもんでよ。ひと袋いくらするしらんけどよ。草も貴重なものだったんだ。秋、9月の末になると生草枯れちゃうもんで済んじゃうやら、そうなっと春、5月、6月頃まで干し草と藁とカラコやるんや。9カ月間は干し草でなけんなん。生草たった3カ月くらいだ。

そのまま畦に置いといて乾いたとこみて集めて。天気続きに刈れば早よ乾くし、5日も6日も雨ふりゃ腐っちゃうしよ。一週間干しゃあ十分だ。畦で乾かすだけじゃあかんでよ。まだあかん思えば家のかどの方持って来て置いときゃ乾くもんだ。よう置いとかんと乾かん。暇があったときに刈って家持ってくるのもなんだ。田んぼのクロよせて。秋まで置くと腐る。稲刈ってから田んぼ入れて肥えにしちゃうわけだ。今牛飼っとらんもんで、ほとんど刈ってよせといて秋、田んぼに入れちゃうわな。昔はほとんど牛坊に食わせんならんもんだ。よう乾かいといて。

柴山は草ないな。カリアゲの草もあんまりやらん。カリアゲの草牛ん坊こわいもんで食えへん。何が入っとるわからんもんだ。主に牛に食べさせる草はこういう畦草が主で、畦に近いようなところの柔らかい、ススキとかああいうもんのよさそうなとこを狙ってとってくるんや」。ここのカリアゲは、カリヤスがわずかに生えてはいるもののそれはほんの一部で、ほとんどは細い木や硬い幹の草が生えていた。火を入れず、刈り取りは2年に一度のみであることから、カリヤス以外の植物が多いと考えられる。

## ■畦の草刈り

「5月と7月、8月頃だな。だいたい。3回くらい刈りよったな。乾燥させるにゃ天気よくさせりゃ2、3日で乾くけどよ。それもススキみたいな、ああいう草が本当はええわけだわ。このへんでもそりゃ大体ええけども、ところによっちゃオゾクサがあるけっよ。おぞい草、牧草にならんような草もあるけっど、大体刈ってしまっとけっど」。

## ■馬

「一ぺん牛が喰うと反芻動物いうて今度胃から出いて、牛休んどるときに喰ったもの口にもってきてぐっぐっとかむやら。ウマはそんなことせん。喰った奴をつつぬけに出しちゃうもんでウマの肥はよう効くけど牛の肥はきかんいうて。ウマは腹減ると腹減ったいう合図で桶を足でけっからして。牛は飼ったことあるけど昔家でもウマ飼ってたことある。どこの家でも門口はいると右側なり左側なり、ウマ屋ちゅうてウマ飼っとる家があったな。おれんたの生まれる前だの。牛は生まれてからだけんどの。きっと昔牛の前はウマのあった家はだいぶあるよ。ウマで馬車行きいうて。今で言う自動車の代わりだ。薪運ばせたり、荷車とかいうて。それが牛になって。牛が今度トラクターとかああいうものに変わったわけだ」。

## ■カリアゲの管理

「このへんの田んぼは大なり小なりどこにも山ついとるもんでな。カリアゲっちゅって田んぼの続きの山の裾。田んぼと山の境だな。それを9月頃に刈って、それも藁と一緒に秋、草刈り機で切って一緒に入れるわけだ。

(カリアゲを草刈せずに)捨てとくと山になっちゃう。ほかっとけば日陰になっちゃう。ボロになっちゃう。木が茂ることをボロっちゅうわな。ちいと草のええとこの肥えたところは一年でものびちゃうでよ。最低2年目にはカリアゲを刈らないかんわけだ。最初はこんな小指くらいのもんでも5年、10年ほかっとくとどこでも刈らんなん。田んぼの地主がこっちは今年刈ったで来年はこっちがなんだでよ。そういうわけで刈るわけだ。

同じヤマクサでもええクサの出るところと、肥えにならん草あるでよ。ならん草でも刈らんなんでよ。全部草刈り機でこれくらいの束にしといてねせといて(田畑に)入れちゃうわけだ。ならんようなとこは縛って山にほかっとけば腐るもんだ。カリアゲにあるようなとこの草は大体まあまあの草だ。

肥えにならんような草ちゅうのは棒ばっかのよ。ウルシとかいろいろあるわ。栗でも裏っぽの上の方は肥えになるけど下の方は1年おくとこれくらいになっとるでよ。そこは残いて葉っぱのええとこだけ入れるわけだ。茅とかああいう草のあるとこはええけんど。うちの場合は山の低いところにだんだんと田んぼがある。山がついとるもんで1年おきにこっちとこっちと刈っていれるけど今はヤマクサ刈る人ばっかじゃないら。平地のとこは山がないもんでボタ草を刈るだけで。そりゃ今はどこ行っても耕地整備して最低でも1タンブか2タンブあるええ田んぼにしちゃってよ。それでもノリっちゅうてあるもんで、そこは刈らなあかん。ほっとくとグゾバチっちゅうてずるずるの草はんじゃうわけだ。グゾバチってクズの木だ。あれがまた繁殖力が強うてよ。1年か2年か3年ほっとくと株になってつるになって生えてくるわけだ。ススキばっかならええけどクズは始末が悪い。あれがまた妙に増えるもんだ。

カリアゲは年1回か、2年に1回でもええわ。その代わり2年目に1回だとでら伸びちゃうわな。9月の末頃は稲も刈らんなんし草も刈らんなん本当忙しい。大体9月いっぱいくらい、10月末になると霜が降りかけて草が枯れかけるもんだ。枯れる前に刈れば肥えにもできる。

その洞々によって、山がいっぱいある、もちろん地形も変わるしカリアゲも町有林ばっかでない個人の山もあるし。カリアゲは全部田んぼの人が刈れるけどその上の木がね。アオキ。あれはそこの山の持ち主の人の山。町有林ばっかでない個人の山もあるでよ。でもその下の田んぼについとる下刈りするとこはその田んぼの人が刈れる権利がある」。

この地域はすべての田にカリアゲがついていているわけではなく、また、カリアゲがついていても川が間にあって管理がしにくかったりと土地によってさまざまである。「全部が全部カリアゲついとるわけじゃあない。肥えは別にヤマクサどこでもいれんなんことないもんで、別に刈らんでもいいわけだ。そんだけ余分な仕事だし。ヤマクサ、カリアゲついとるとこは刈って、むしょうにほかっとくわけにいかんもんで集めて切って入れるわけだ」「ここの田んぼのカリアゲちゃ川があるもんで損だの。田んぼに続いとら楽だな。あんな急なとこ刈れないしな。刈らんもんだ道路まではんできちゃうわけだ」。

## ■ススキとチガヤ

「ススキが一番ええな。ススキ以外チガヤちゅう草がある。あれもまあああええ草だ。チガヤも肥えになる。ススキみたいな草だな、ほんと。ススキほどにもならんけん、ススキは大きなるで秋じまいに刈っといて。今はそんな草屋根の家ないけどよ、秋刈っといて大事にとっといて、このへんでも屋根ふいたもんだ。屋根ふきの大事な草だでそりゃまあ大事にとっといて。チガヤは草の質が違うもんで肥えにはなるけど草屋根をふくにはあかんわけだ。草屋根ふくには10年に一ぺんふきかえなならんもんだ。前のほう一ぺんやったらそしたら今度は裏っ側やってよ。大体60年生きてたら二へんやらんなんちゅうもんだ。一ぺんは草屋根かえるときに。昔囲炉裏で火焚きよったもんでよ。囲炉裏の上なんてどこも真っ黒だ」。チガヤとは、ここではカリヤスのことを話していると推測される。

## ■カリアゲを刈るルール

「上のカドノはなんだけど、フクシマヤだとかホリクサワーだとかヤマダシゲサ、全部からんないかんわけだ。うんと昔の明智町のルールで決まっとるわけだ。今は実行はされとらんけども。川向こうはよ見た通りどえらい川まで、道まで枝が出てきとるやろ。刈らんとああボロつぼなっちまうんやわ。山が荒れてくる。その山裾は国のものだからそれをタダで国が田んぼにつけて貸してくれとるもんで、昔の決まりでは荒らさんためにちゃんと刈って。刈りゃ田んぼの肥えにもなるし。やるかやらんかはその田んぼの主の人で、刈る人と刈らん人とおった」。

## ■柴山・草刈山

「昔はタダでやるからっておらんとこの在所でも田んぼの肥えっちゃ山行ってどこでも草刈ってきて。草刈り山ってのもある。そんで柴山って春先は柴がさかんに出てくる。それを刈って畑に入れとった。ある人とない人とある。今年はここっちゅうわけによ、2年で交互に行って刈ってきて。刈ってしょってきて押切りで切って入れたもんだ。ほいで踏み込むわけだ。昔は草刈り機なんかあれへんでよ。その踏み込みが、今は田植え足袋履いとるけど昔は素足でやるもんだ。踏み込むときに痛くて、1日も踏み込むと足がはれてよ。山のクリ棒とかいろいろ木の端でよ。

肥えになるようなところ草刈り山にして決めといて鎌で刈ってきて、しょってきて入れたもんだ。それこそススキか、柴っちゅうて薪の木だな。薪の木の生えとるとこがいいんだ。春先。大体これくらいだな。1年おくとこれくらいになるんだ。刈ってきてまだ木が柔らかいでよ。そこに薪やススキや肥えになるもんが大体生えとるでよ。なるたけ肥えにならんようなのは刈ったときに分けてほかりだいとくわけだ。

木は本当、雑木がいっぱいあるけんど春刈るもんでワラビなんかもあらへん。ワラビは秋刈るとどえらいもんにでかくなってな。5月の下草刈りのときは大きなって。そんで柴は春刈ってもいいし秋刈ってもいいんや。そんかわり春刈ると柔らかい芽が出た時期や。秋はもう夏中ずーっと出てきて身がいっとる。肥えには一緒。どっちがいいっちゅうわけにも別に関係ない。ああいうものは有機質の口なもんで。ああいうもの入れたほう田畑のためにいいし米なりなんなりにもいいわけだ。

あんまり葉っぱもない棒ばっかのようなものは持ってきても肥えにならん。葉っぱが一番肥料になるわけだ。ススキは全部捨てるとこない。肥になる。木のようなもんは上の方だけってそんなことといってられん下の棒ばっかのところもはいるけどよ。ああいうもの早いことというとゴミだな。土から浮くわけだ。柴山は個人の山だでよ。自分の山でここ柴山にして刈るってそいつだけでよ。まず家の山ならしらんが町有林いってわざやく刈る人はあんまりおらんわな。どうでも柴が欲しい肥えになるでっちゅってただ行って刈る人はおらん。家のカリアゲが精一杯だ。そりゃ昔は肥えにしとったもんで」。

### ■カヤノ

馬木でも以前まではススキで屋根を葺いていた。そのススキを採草する場所はカヤノと呼ばれ、毎年1回秋口に刈り取りを行なっていた。現在では草屋根がなくなり、利用しなくなったため植林地として利用している。

### ■春から秋までの仕事

「稲を刈る前9月頃ヤマクサを刈って。ただ束にしてかためとくの。ある程度かためておいて。5、6パずつくらいか。乾いても乾かんでも稲刈りが済めばおろいてきて。別に乾いとらんでもいいもんでよ。

それから稲を刈るだわね。昔は鎌で刈る時分によ、1週間くらいかかりよったわ。(9月末)稲刈りをしたら稲こきをしてすまして、それで田を起こす。

小麦は田起こしの前の10月の中時分まいといて、冬越すもんで3月頃に麦踏みってやるわけだ。あれやっとかんと麦が倒れちゃうんだ。秋イネ刈ったあとはイネ株がまだ残っとるやろ。それを株取りちゅうてイネ株をひとかぶひとかぶ鍬みたいなやつで掘っといて、そっから備中でおこいたんやわ。また手間かかるわけだ。麦を蒔く田んぼは蒔く用にちゃんと起こして支度をして、あとは麦蒔きがすんじゃってから起こすんだわね。麦類は秋蒔いて6月頃に収穫するでよ。

豆は今は畑でとるだけだ。昔はよ豆は田植えると畦がぬってあるやら。その畦の頭にこのくらいの間隔に棒で穴あけて2粒ずつ蒔いとったもんだ。でそれをとって。大体稲刈りと一緒だな。その時分に豆もいろむもんでよ。豆は2粒ずつ蒔くのが普通だったけど今畑にまいて1粒ずつまくとこんなにできるんだ。豆ってのは根にバクテリアって小さいあれがつく。まず田んぼにはやらない。豆も連作はあかんし畑にもみんなつくらんね。

モヤ拾いはまあ11月頃になるな。田んぼがすんで、稲こきがすんで、麦まきがすんで。ほいでそのあとに、正月がくる前にモヤ拾いをするわけだ。

柴山は9月頃だ。で柴も刈りぃかんなん畦草もちったのびるもんで畦草も刈らないかんし忙しいわけだ百姓は。稲刈りもせなあかんしよ。雨降っちゃできんもんだ(9月はヤマクサ刈り、柴山、畦の草刈り)。いろいろせんなあかんもんだ。

柴草刈りは5月だ。それは田んぼ入れる草。今は、5月に刈っても5月に田植えせなあかんもんだ。昔は刈って山からしょってておろいてきて押切りで切っていれんなんもんでよ。

9月の草は切ってついでに入れちゃうんだわ。畦草はなんだけどヤマクサのやつは刈ってついでに入れちゃうわ。そんで稲がたっとるから稲刈る、草刈る忙しいんだわ。ヤマクサを刈っといて稲刈って田んぼがあくとそこにおろいてきて。切って肥料に入れるっちゅうこと。柴山ってやつはとにかく春だけみたいだで。アキクサは9月頃のあれをシタクサ刈りちゅうんかね。あれの刈ることを秋に。それからシタクサ刈りっちゅうのが秋のほうの名称だわね。シタクサ刈りは田んぼについとるカリアゲ。秋のシタクサ刈りっていうのはやっぱし肥えにするんだけど草を刈っといてそれから次稲を刈って。で田んぼがあくもんだからシタクサを山から田んぼにいれて。ほんで切ってばらまく。肥料にする。

アワやヒエなんてものはつくらへん。アワやヒエはつくったことないな。戦後は食糧事情がよくなってから大麦も小麦もまぁつくらんようなっちゃったで。今はあんまりつくらんけど昔は小麦もつくっとったし、大麦もつくっとった。おらんたの子供時分にはまず白飯なんてのは正月かなんかのときじゃないと食べれなんだ。全部麦飯やった。麦は栄養があるで食くわなあかんでよ。栄養があるし麦をいれて米の足しにするわけだな。

白飯喰うとしんしょがつぶれるなんてよ。昔はそんなこと言ったもんだよ」。

## 屋根材としての利用
### ——富山県南砺市相倉

旧富山県東砺波郡平村は２００４年11月1日、福野町、城端町、上平村、利賀村、井波町、井口村、福光町と合併して南砺市となった。２０１５年４月現在の総人口は5万１３２７人である。平村の合併以前の２０００年10月時点での人口は１４１６人であった。

相倉《あいのくら》は１９９５年、「白川郷・五箇山の合掌造り集落」として世界文化遺産に登録されている地域であり、集落の周辺の景観も１９７０年に国指定史跡に指定されており、その史跡には茅場も含まれている。標高４００ｍに位置する集落である。

ここでは、相倉のZ氏夫妻(大正12年生まれ)に、２００９年12月24日聞き取りを行なった。

### ●屋根葺きのための大事な茅

相倉ではカリヤスをコガヤと呼び、古くから屋根材として用いている。ここではコガヤは家屋の屋根を葺くために何よりも大事なものであった。同じく合掌造り集落である岐阜県白川村ではコガヤではなくオーガヤ(相倉ではススキをオーガヤと呼ぶ。これは山などどこにでもあったものを採って利用しており、白川村のような管理はしていない)を屋根材として使うが、白川村のオーガヤは管理をしているからか相倉のオーガヤと質が少し違うという。

「白川の茅と五箇山の茅は違うんですよ。白川の茅はオーガヤっていう、太いの。それからこっちの五箇山の方、平、上平の茅はコガヤ。ちっちゃいの。カリヤスっちゅうわね。五箇山の茅は大変細かいから細工がしやすいの。だから屋根のハフっちゅうこないなっとるでしょ。屋根の一番合掌になっとるとこね。この袋が五箇山はずーっと丸くしてきて縛る。そんできれいになっとる。ところが白川の太いもんではそんなことできんがです。だから全部たたんだまま積んでくの。五箇山と白川で茅の使い方が全然違うがです」。

### ■相倉での牛

相倉ではオーガヤを牛の餌にしていた。牛にコガヤを与えるというのはもっての外である。かと言って畑で刈った草を与えることもなかったという。

「オーガヤ。オーガヤは山やらどこにでもあったもんやちゃ。だけどあの白川の屋根葺きのオーガヤはここらへんのとちょっと違うと思うがですよ。自分で管理をしてちょっと仕立てていくからあういうきれいなものがたくさんできると思うがですね。ここらへんのオーガヤはほっかしてあるから、どこにでもありますけど屋根に使えるがは少ない。曲がったり節が揃っとらんいうかね。今なら手袋でもするけど、オーガヤっていうがはちょっとつかえたら手が切れるんで血がでる。カヤバのこの屋根の茅はそんなことないけど。コガヤは屋根葺きの大事なが。オーガヤは牛のが。白川のオーガヤは屋根葺きの。オーガヤは腐り出すとばーっちゅうて腐るわ。コガヤはあんな腐りようしんけど」。

そもそも相倉で牛を飼っていたのは肉牛として馬喰に売るための3軒のみで、それも昭和初期に始まったものであり、それ以前に牛馬を飼っていたことを覚えている方は現在相倉にはいない(今回聞き書きをさせていただいたZ氏は相倉で最も高齢で、大正12年生まれの86歳であったが、牛馬を昭和以前に飼っていた記憶はないという。牛馬の事柄は村史にもほとんど取り上げられていない)。

しかし、重要文化財として今も残る標高３００ｍほどの上梨集落の村上家や、西赤尾集落の岩瀬家ほかの各種文献によれば、五箇山の他の集落の合掌造りには間取りに「マヤ」(牛馬を飼っていた所)があると記録されており、牛馬がほとんどいないというのは標高が高く、傾斜地にあった相倉特有のことなのではないかと考えられる。平村史によると、相倉は「昔大きな地すべりがあって、広い平地ができたところに人が住み着いた」所であると記載されており、水などの便も悪かったようで(上平村赤尾集落では明治30年代には開田しているのに対し、地図上での直線距離7㎞程しか離れていない相倉の開田は昭和25、26年であることからもうかがえる)、牛馬を飼育する必要がなかったのであろうと推測される。

## ■集落と周辺の土地利用

左図は相倉の土地利用の概略図である。相倉で重要とされていたものは茅屋根のための茅場と、現金収入のための養蚕であると思われるが、前者は集落から離れた所にあるのに対し、後者は「家の前も一番周辺は上下どこも桑畑」だったと話された。集落から茅場までの距離に関しては、相倉で聞き取りを行な

土地利用概略図(平村史編集委員会1985)

土地利用概略図2(飛越合掌文化研究会1996)

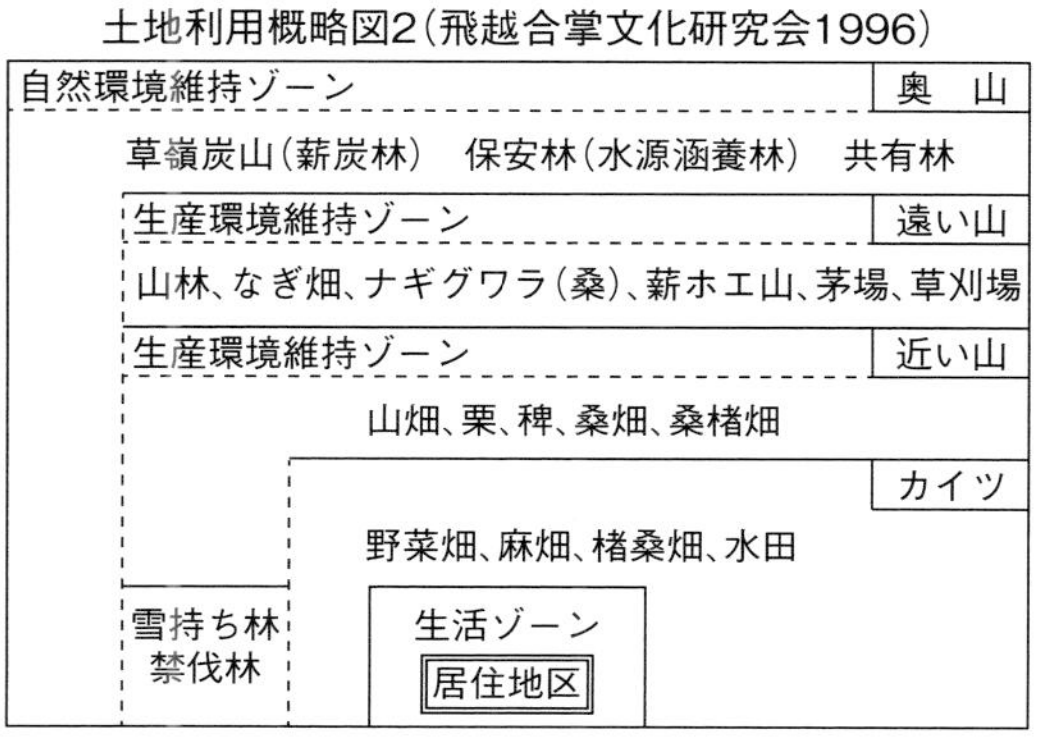

ったZ氏からは「遠い遠い。わたしらの子ども時分みんなそれをかついだんや」。

また、１９８５年につくられた上図にはまだ記載されていないが、１９９６年につくられた下図には雪持ち林（地元ではオーハエと呼ばれている。雪崩から民家を守るための禁伐林）が記載されている。これに関しては大正5、6年の本殿造営の際に〝たとえ雪崩の下になろうと、お宮のためならば本望〟と防雪林の良材を伐っていたという話が残されており、２００９年9月に雪持ち林の中を見た際も周囲長２００㎝を越える大木がいくつも残されていた。

## ■養蚕との関わり

相倉では昔から重要な現金収入源としての養蚕が盛んであったため、家の周りはほとんどすべてが桑畑であった。

「昭和27年、28年頃から田んぼができたし、田んぼやったとこはそれまでは桑畑です。家の前も一番周辺は上下どこも桑畑です。養蚕を一生懸命やっとったんです」。

Z氏宅でも蚕はハルゴ、ナツゴ、アキゴ、の年に3回育てていたという。「若いもんみんなカイコやらねぇ。うち春夏秋とカイコ3回しておったもん。ハルコとナツコとアキコと。ナツコやらアキコは遠い山行かんなんから少なかったけどハルコはでかいがしたもんです。早いが60g。遅いが30gってふいたもん。あれはうりっこは食べた際に下の糞をとらんなんでね。下替えてやらんなん」。

そしてその桑畑（相倉ではクワラと呼ぶ。桑原を掘り起こして耕す作業があり、それを「クワラウチ」と呼ぶ）には、肥料として「フルガヤ」（村史では「モッソ」という名前で記載されている）を入れていた。

「屋根葺いたフルガヤをカイコをするための桑畑へみんな肥料にひいたもんです。それほどカイコ大事なもんでそんなことやったですよ。茅って屋根の仕事ひとつしてまた後肥料になった。カイコの養蚕の畑いうのはでかかったけど1年に2回は草取りと、それから中を掘り起こす。クワラウチ（桑原打ち）いうて桑畑全部泥を鍬でほるって、屋根のフルガヤをもってって入れてね。そんで桑の木を育てたもんですね」。

フルガヤは屋根葺きに使ったあとの茅であり、とくに囲炉裏の煙で黒くなった「ススケガヤ」はよい肥料になった。このススケガヤは桑畑以外の田畑に使うことはなく、蚕に関することが生活の中でも優先順位が高かったことがうかがえる。

## ■カヤバと集落の位置関係

相倉の茅場は桑畑を越え、雪持ち林（オーハエ）、ホエ山を越えた集落から見て一番奥の山、集落が標高４００ｍであるのに対し、茅場は標高７００ｍの場所にあった。そこへは集落から歩いて40～50分ほどかかったが、仙道《せんどう》と呼ばれる拠点が集落から20分ほどの所にあり、茅を出すほか、ホエを出すのにも仙道に一旦出してから、集落に下ろしていた。茅場は仙道から遠くても片道30分圏内にすべてあり、それはホエ山や、ナギバタケ(焼畑地)も同様であったという。

「今林道ありますけど昔はなかったがで、山道をあがってここらあたりは仙道というひとつの拠点になっとったがです。山ですからここへ一ぺん降ろして積んで、こっからまたみんなかついでだもんです。囲炉裏くべるのもみんないっぺんにここに降ろして。道がないからいっぺんに持ってこらなんだ。そこまでね、大体20分。中谷のあたりが一番遠い。仙道から30分。昔早かったかもしれんけど今はなかなかそんなわけにいかん。今思うと私の長男で、昭和24年に生まれて小学校の時分から茅担ぎじゃの。同級生とそれがふたりで茅担ぎに行くからかわいいくらいやわい」。

「私(奥さん)の生まれたとこ上平は背中でかつがないんです。みんなカヤを縄で20パでも組むんです。そいで傾斜のところをこーうひきずって引っ張ったもんです。普通いうたらあんな傾斜が強いとこ降りれんがですけど荷物の重さでこうして上から荷物が来るがです。ここへきたら背中でかついだんです」。

### ■カヤバの所有、茅貸し

茅刈りは毎年行なわれるが、茅を保管できるのは腐ってしまうため最長2年であった。また家の屋根の葺き替え周期は屋根材の腐る17～25年であり、刈った茅を使わない年は、集落の他の家に「貸して(なして)」いた(貸すことを現地の方言で「なす」という。茅をなせば茅で返してもらい、野菜をなせば野菜で返してもらう)。

茅場は基本的にすべて個人所有であり、屋根の茅を葺きかえるときは「また来年なすさかい」(＝また来年には返しますので)と言って集落中から足りない分を集めてきて葺き替えていた。

またここでは1カ所だけ共有の茅場があった。それは「道場茅場(ドウジョウカヤバ)」と呼ばれる寺の屋根用の茅場である。ここは集落全体で保存、管理、搬出をしていた。「カヤバは全部個人持ちです。それでひとつだけ違うところはね。お寺があるでしょ。お寺の屋根葺くがの茅。それは道場カヤバっていって、ちゃんとまた別に持っとったがです。それは集落で保存管理をして茅刈りをして搬出をしたもんです。それで足らんもんやさかい集落からまた個人に割って」。

(奥さん)「この人のおじいさんはそんな紙にこうしを切って何バお願いしますいうて、私がその紙を配って歩く役やった」。

しかしながら相倉の結は昭和40年代頃の集落の戸数の減少とともになくなり始め、富山県西部森林組合五箇山支所が1970年の史跡指定後は全戸の葺き替えを、1990年からは茅場での作業を開始している。

### ■カヤバの管理—ナカガリ・クロガリ

この地域での管理方法は、6月の半ばに実施する「ナカガリ」

と呼ばれる中間管理がある点で他の調査地域とは異なっている。この作業では、カリヤス以外のすべての植物を刈り取り、さらに「ソウジ」といって植物遺体をすべて茅場から出して茅場内を貧栄養状態にしてしまう。

また、茅場内にはイロハモミジやミヤマカワラハンノキなど、あまり大きくならない木が刈り残されている。これは茅場の境界とするために自然に生えてきた木をわざと残しているものである。

そして9月には2回目の中間管理「クロガリ」があり、ここでは茅場の縁の植物をすべて刈り払う。そして10月15日以降の茅刈りを迎える。

■茅場の所有地の境界

「ちゃんと木を残してこの木の見通しがどこどこのが、と立木の見通しで境を決めとった」。

今残ってるのはあんまり大きくなるような木はなく「モミジとかババナカセ(タニウツギ)とか」を境の木としていた。「ババ火ぃ焚いたさえも木が燃えんもんやでババナカセ」。

■屋根葺き

「屋根葺きが生活には一番大事ながですがね。カヤバの小さい家なんかは2年分貯めて屋根ふくとかね」。

「うちの相倉で一番でかいサコってカヤバは全部で450ある。あと3カ所くらいカヤバもっとった。(全部合わせると)700、それで足らんがいちゃね」。

「そしてまだちょこっと足らんようなるとまた来年なすさかい言うて隣に頼んで借りてくるわけ。大体2年分くらいは貯めたけど、今度は茅が古くなって痛んでしまうからね。普通、早いのはへぶらくなるとね、へぶなってくるとお日様が当たらん場所は18年か19年くらいで屋根が腐って痛んでくる。茅やって草やからね。そういうところは早く屋根葺きした。お日様が当たるところは長くもって25年くらい。

茅が腐って落ちるんですよ。それでヌイボクの横棒でこうおさえとるわけね。ヌイいうのは裁縫するの縫ういうでしょ、屋根を縫うとるわけや。縄で縛っておさえとるわけ。それの上にまた次の茅をならべて、それでヌイボクで抑えて、縄でこれを縛っとる。だから茅がこうなってさがっとるけど、この下にヌイボクっていうものがある。屋根が落ちてくもんじゃからヌイボクがでてくるがです。そしたら屋根はもう危ないわけね」。

「継ぎ目がね。今なら全面一度にふっけど、うち3つに分かれてたから毎年ふいても6年間かかる。今はそんながでなしに。なんせこんな茅の束800要った」。

## 萱場の活用
### ——調査のなかから見えてきたもの

#### ●地域による草地利用の違い

昭和村は至る所に茅場を造成し、用途によって使い分けていたことがわかった。開田村は集落やその周辺の見渡す限りが昔から木曽馬の餌ための採草地としての草山であった。一方、相倉の場合は豪雪地帯である上、他の調査地域に比べて急峻な地形であり、集落のすぐ裏に草地があると雪崩の被害にあってしまう。そのため他地域には見られないオーハエと呼ばれる雪崩防止のための禁伐林(防雪林)が集落のすぐ近くにあり、茅場は集落から遠くにあった。

昭和村の集落はどこも川沿いの低地にあり、山から収穫できたものを降ろすのに都合がよい配置であった。一方で開田村は川沿いの平坦地を水田に利用したため、民家は水田やカルブシヤマよりも高い所にあった。土地の利用方法は各集落によって少しずつ違い、それが里山景観の違いとして現われていた。

開田村では牛馬の餌のために、相倉では屋根材のために草が大量に必要であるため他の調査地に比べ現在も残っている草地は面積が広く、連続性も高いと考えられる。また、日当たりのよい斜面へ草地を優先的に配置していたことは、草を重要な資

土地利用一覧

| | 藤屋洞(旧開田村) | | 馬木(明智町) | 相倉(旧平村) | 馬狩(白川村) | 大岐(昭和村) |
|---|---|---|---|---|---|---|
| 標高 | 1200m | | 550m | 400m(茅場は700m) | 750m | 700m |
| 草山/群落の優占種 | ススキ | | カリヤス | カリヤス | | |
| 草/呼び名 | カルブシ | ナマクサ | ヤマクサ | コガヤ | | |
| 草山/呼び名 | カルブシヤマ | ナマクサヤマ | カリアゲ | カヤバ | | 63ページ参照 |
| 草山/所有形態 | 個人(+共有) | 個人(+共有) | すべて個人 | 個人+共有 | | |
| 草/利用目的 | 冬中の牛の餌 | 夏中の牛の餌 | 肥料/敷藁 | 家屋の屋根 | 家屋の屋根 | |
| 草の刈干し/呼び名 | クサニオ | | とくになし | クサニョ | | カヤポッチ |
| 草山/民家からの距離 | 徒歩5〜10分 | 徒歩5〜10分 | 田のすぐ側 | 徒歩40〜50分 | | |
| 薪を採る山/呼び名 | キタヤマ | | とくになし | ホエヤマ | | |
| 薪の呼び名 | とくになし | | モヤ | ホエ、バイギ、トネ | | |
| 薪/民家(他)からの距離 | 徒歩2時間 | | (小学校から学有の山まで)片道4km | 徒歩40〜50分 | | |
| 焼畑/呼び名 | なし | | なし | ナギバタケ | | カノ |
| 牛馬 | 馬(現在は牛) | | 牛(昭和30年代まで) | 牛(昭和初め〜) | | 馬(昭和30年代まで) |
| 牛馬の餌 | 夏:ナマクサ(ススキ等も混じった畦の草等)　冬:カルブシ(火入れして管理しているところの草) | | 夏:畦の草　冬:カラコ+畦の干し草+稲藁 | オーガヤ | | コガヤ |
| 現金収入/それに付随した土地利用 | 馬/カルブシヤマ、ナマクサヤマ | | カイコ | カイコ(コガイ)/桑畑(クワラ) | | カラムシ/カラムシ畑 |

源と捉えていたことの現われであると考えられる。

また、明智町のカリアゲや昭和村の茅場のように、比較的規模の小さい草地と田畑がセットで見られる景観は、田畑に陽をあてるという目的によって形成されている。またこのような草地はパッチ状(小さな面積でたくさん)に存在している場合が多い。これは一般的な里山に見られる景観であると言える。

表は聞き取り調査の結果を一覧にしたものである。昭和村の草地についてはこの表では書ききれないため省略する。

そして里山景観における草地の位置づけや管理方法にはそれぞれ地域の固有性が見られた。地域によって里山景観が違うというのは一見すると当然のことであるが、その地域の重要なもの(開田村では木曽馬が、相倉では茅屋根が何よりも大事であった)のための草地を優先的によい条件の場所に配置していることが景観形成の要因のひとつとなっていると言える。

### ■盆花

盆花については開田村ではキキョウ、昭和村ではキキョウ、オミナエシ、アカユリ等を利用していた。この2カ所を比較して見てみると、開田村の場合はこれらの花はカルブシヤマやナマクサヤマのススキと混じって生えていたもので、花のあるなし関係なく一面を焼いたり、刈り取って馬に与えたりしていた。開田村はとくにキキョウの多かった所だそうだ。一方で昭和村の盆花はカリヤスの中に混じって生えていたものを使っていたという。しかしこちらの場合はナラブッパラの中でも谷地から離れた林縁に位置しており背丈が30㎝程までにしかならなかったため使わなかったというカリヤス草地の中に残っていた花を摘んでいた。多少の違いは見られるものの、いずれもススキやカリヤスといったやや背丈の高い草地に今では希少種とされている植物があったことがうかがえる。

## ●ススキ、カリヤスの住み分けについての考察

聞き取りを行なった各地域では、現在も萱場が残る地域については実際に入って植物相の調査を行なっている。調査の内容について詳しくは、4章の「萱場の管理・利用と植物の関係」の項をご参照いただきたい。

その調査結果によれば、火入れをしている開田村ではススキが優占し、カリヤスがまったく見られなかった。火を入れているところではススキが、人の手によって刈り取りを行なっている所ではカリヤスが、それぞれ優占した群落をつくるようである。ススキの火入れに対する耐性については山本ほかと岩波による研究が挙げられる。山本らは成長点のある地表から16～17㎜の高さに、火の影響を受ける個体・受けない個体があることがススキ草地のバランスを保っていることを実証している。岩波はススキの火入れによる枯死部位が葉身の表面の部分だけであることに着目し、火入れ後再生し始めるのは葉身の内部から

であると報告している。

しかし、カリヤスについての火入れの耐性は明確にはわかっていない。あえて言うならば、昭和村ではカラムシ畑の焼き草にカリヤスを利用しているが、そこでの聞き取り調査の際に「ボーガヤ(ススキ)は燃えカスが残るが、コガヤ(カリヤス)は音もなく、燃え残りもなくきれいに燃えるので焼き草に適している」という話を、からむし織りの里会館の学芸員の方より収集した。この聞き取りの結果から、ススキに比べカリヤスは火入れに対する耐性が低いと考えることもできる。

また、火入れは芽など成長点の大部分を地上部に持つ樹木にとっては大きなダメージとなるが、低い位置に成長点を持っていたり、根に栄養を蓄えて地上部は毎年枯らす草本類にとっては大きな撹乱とはならないことから、火入れは樹木の侵入と林への遷移を止めるのに大きな効果をもたらし、草地を維持する有効な手段であることがわかる。

そして、畑を放棄したような所ではススキが優占していたことが今回の聞き取りではみてとれた。昭和村のボーガヤ畑は日当たりなど条件の悪かった場所を放棄し、自然にボーガヤが生えていた所である。元々茅場(カリヤス草地)であった所は、刈り取って利用しなくなった現在ではススキ草地になっている。

今回の調査地は4地点のみであるが、この結果だけをみると、どう手を入れるかによってススキ草地になるか、カリヤス草地になるのかを決めることができていたようにみえる。

## ●草地の新たな価値

明治・大正期には日本の国土面積のうち12％あったという半自然草地は、今では3・6％にまで減少している(環境省1999、次ページの表の「二次草原」の合計値)。

しかもそのうちの約半分は阿蘇くじゅう国立公園のススキ草原である。半自然草地は人と自然との関わりの残る今では希少な自然となった。この草地面積の減少については、今回の聞き取り調査によれば「昭和30年代」が大きな区切りとなると考えられる。開田村のT氏は「馬はやめる頃は牛の大体3分の1くらいの値段にしかならなかったんだよ。それでは経済的に不合理だということで牛に変えたんだわ。それは30、40年近くになるな。その頃から変わってきたんだわ」、明智町のK氏は「牛は30年頃に終わっちゃった。もう今牛飼っとるなんて家まず珍しいわ」と述べていた。開田村では木曽馬が牛に変わった際に草地が減少しているそうである。明智町では牛飼いをやめてしまったものの、草地の利用目的が草を牛に与えているためだけではなかったため、牛を飼わなくなった現在でもまだ草地が維持されている。

相倉、馬狩では集落の観光資源にもなっている茅葺き屋根のためであり、明智町では田畑に光りを入れるという主目的に付随した肥料やこんにゃく畑の敷き藁のためであった。開田村では肉牛の餌のために草地を利用しており、そういった経済的、文化的活動もしくは生活に直接関わっているような作業が現在もあるため、そのための草地が現在まで残っている。

しかし、開田村のT氏、明智町のK氏は「草刈らなんでもいいように化学肥料がでてきて(略)だんだん草刈りとか薪切りとかなくなって木が育つもんで。今ではそういう周囲というもんはほとんど山林になっちゃってるんだよ」「今はどうにか年寄りがおるもんで刈れるけど。今の若い者が刈るかはわからん」と語っていた。そこに暮らす人の生活のための管理によって維持されてきた半自然草地は、草地を必要とする生活をする人がいなくなればなくなってしまう。

全国の植生自然度別出現頻度と構成比及びその推移(環境省:1999)

| 植生自然度 | 区分内容 | メッシュ数の現況 | 比率(%) |
|---|---|---|---|
| 10 | 自然草原 | 3,993 | 1.1 |
| 9 | 自然林 | 65,824 | 17.9 |
| 8 | 二次林(自然林に近いもの) | 19,598 | 5.3 |
| 7 | 二次林 | 68,540 | 18.6 |
| 6 | 植林地 | 91,414 | 24.8 |
| 5 | 二次草原(背の高い草原) | 5,568 | 1.5 |
| 4 | 二次草原(背の低い草原) | 7,591 | 2.1 |
| 3 | 農耕地(樹園地) | 6,788 | 1.8 |
| 2 | 農耕地(水田・畑) | 77,695 | 21.1 |
| 1 | 市街地・造成地等 | 15,999 | 4.3 |
| | 自然裸地 | 1,420 | 0.4 |
| | 開放水域 | 4,227 | 1.1 |
| | 不明区分 | 70 | 0 |
| 合計 | | 368,727 | 100.0 |

そのような景観を残そうという試みが近年全国で始まってきている。一般的に草地管理に使われる方法として順応的管理(やってみながら→データを取り→よく考える、というサイクルを回す管理方法)が挙げられるが、研究者の協力がないと難しい。地域住民のみの小規模に行なう管理であれば、まずは伝統的管理を掘り起こし、試みるのが望ましい。

その伝統的管理の手法を知るためにも、管理している地域住民への聞き取りが必要になる。聞き取りをすることによって、なぜその草地が現在も維持されているのか(どのような価値を見い出しているか)、地域住民がどのような思いをその草地に持っているか(生活の中での重要度)、これまでどのような変遷をたどり利用されてきていたか(時代に合わせた利用目的)等、草地が維持されている理由、草地のバックグラウンドを理解することにも繋がる。例えば、開田村での聞き取りからは、オーチャードグラスやチモシーなどの牧草は火入れをするとだめになるうえ、5～8年に1回は播きなおさなければいけないが、カルブシに使うススキ等は火入れで維持できるということが開田村での伝統的な管理によって実証されており、そのためここの草地は今でも手入れが続けられていることがわかった。

また、草地には重要な文化や生物多様性という面での価値も期待される。開田村の位置する開田高原の草地を維持・管理していたことに密接な関わりを持ち、重要なシンボルとなり得る木曽馬は開田高原を代表する観光資源である。うまく連携を組むことができれば木曽馬の保全をカルブシヤマの保全に繋げることが可能である。また開田村の草地はチャマダラセセリ(Pyrgus maculatus maculates：長野県絶滅危惧Ⅰ類)が過去に確認されている草地でもある。チャマダラセセリは食草のミツバツチグリの矮性のものに産卵する傾向があり、草地内でも撹乱のある環境が産卵に適しているとされているので、開田村のカルブシ刈りにも適応できていると考えられる。そのカルブシヤマにはオミナエシ、キキョウなどが今でも確認されている。木曽馬やチャマダラセセリ、オミナエシ・キキョウといった希少種の保全活動がカルブシヤマの管理活動を中心として連携されることが期待できる。

また、相倉の草地に関しても、聞き取りの際「茅葺き屋根の話を聞きにくる研究者はたくさんいるが、茅場の話を聞きにくる人はあまりいない」という話がZ氏からあった。相倉の茅場は、ススキ以外の植物をすべて排除するような管理方法をしているため、開田村のような希少植物などは見られないが、他地域には見られない特殊な管理方法があることは世界遺産となっている茅葺き屋根と共に注目されるべきであると考えられる。

**◇半自然草地の文化的価値**

半自然草地の植生を特徴づけているものは地域独特の管理方法である。火入れをしたり畑を放棄したような所ではススキの優占した草地が成り立ち、人の手によって刈り取りが行なわれている所ではカリヤスの優占した草地になる傾向にある。また同じカリヤス草地でも、屋根材を生産するという目的でカリヤスのみの単一な草地にしようとする所では必然的に刈り取り前に行なう中間管理が発生する。また、それとは逆に牛馬の餌など、なるべくカリヤス以外の種も多くいた方がよい草地は2年に1回のみの管理となり、かつそこが先祖代々管理され続けているような草地であればそこには草地性の植物(オミナエシ、キキョウ、ユウスゲ、ワレモコウなど)が残っている。このような草地性の種が木本種や帰化種、林内種に比べ多いような草地は、それらが侵入した履歴がほとんどないことを表し、昔からの伝統的な管理が継続されている草地である場合が多い。

近年、半自然草地は生物多様性のホットスポットとして注目されるようになってきているが、動植物相の重要性もさることながら、その草地が現在まで維持されてきているという文化的価値にも目を向けることが、今後の半自然草地研究や保全活動の前進に寄与すると考えられる。

**◇既存の研究から**

そこに住む人々が草地に経済的価値や文化的価値等を見い出せることが、現在も草地が維持され続けている大きな要因となっていた。近年の希少種保護や景観保護のための草地管理はボランティアでなされている面が多い。ボランティア活動が盛んな程地域住民の意識が高いというのは理想的ではあるが、持続性の面では悩ましい点もある。

そこで高橋佳孝は、草地の草にカスケード利用ができる多目的なバイオマスという価値を見出し、表にあるような草本系のバイオマスの特徴を指摘した。また2008年から始まった九州阿蘇地域での草地バイオマス利用も紹介している。阿蘇地区では、「草原再生シール生産者の会」(市原啓吉会長)が結成され、阿蘇の草資源を飼料や堆肥にして育てた野菜や肉に「草原再生シール」をつけて阿蘇マルシェなどで販売。「野菜を買って阿蘇の草原を守ろう」と呼びかけている。ススキを2～3㎝に切り牛糞堆肥や米ぬかなどと寝かせて「草原堆肥」にする。一方、九州バイオマスフォーラムを事務局に、若手農家10人が「草原再生オペレータ組合」を結成、刈り取ったススキを土づくり用資材「野草ロール」として販売してきた。阿蘇の例は、草地の管理者が、現金収入という形で管理の成果をえることで継続されてきたといえる。

草木系バイオマスの特徴：高橋佳孝（2008）

| |
|---|
| 1. 面積当たりの生産量が多い（ススキは5～24t/ha、木材は3～5t/ha） |
| 2. 木質バイオマスに比べて乾燥しやすい（自然乾燥で水分含量15％以下） |
| 3. 毎年、同じ場所で収穫できる（木質の場合、10年以上必要） |
| 4. 傾斜地での収集・運搬が木材より簡便 |
| 5. 粗飼料や堆肥としても利用できる（収穫すればさまざまな活用方法がある） |
| 6. 栽培コストが安い（野草の場合、自然に生えており、播種・施肥が不要） |
| 7. 野草類は河川敷、スキー場、休耕地などどこにでも生えている（普及性が高い） |

## ◇草地との関係が生んだ知恵を引き継ぐ

カリヤスについて、昭和村では家屋の冬囲いとして使用したあとはカラムシ焼きや家畜の餌として使い、相倉では屋根材として使ったあとは桑畑の肥料として使っていたそうである。一度使った資源を、別の用途に再利用することが当たり前に行なわれていた。木質に比べて手軽に、また多量に入手することができる草資源を繰り返し使うことで、さらに効率的に利用してきた山村の知恵がみてとれる。また、屋根材として十数年と使われたあとのカリヤスの中でも、囲炉裏の煙で燻された「モッソ」は、とてもよい肥料になったという。使用済みの屋根材が廃棄されるのではなく、さらに価値のあるものとして取り扱われていたことは興味深い。

各地でカリヤスとススキは明確に区別されて別々の用途に使用されており、藤屋洞ではソバ殻の水はけのよさを利用して穀物のハサの屋根としていたり、植物の特性を見極めて、その地域にとって一番適切な用途に使用されてきた。

また屋根材に使う際は一度に大量に必要だが、長期間保管できないデメリットは、「茅貸し」という地域の伝統的互助システムで補われていた。デメリットにも対応する手段を編み出すことで利用し続けることを可能とし、人間と草地の関わりが今も続けられ、その営みが希少な植物の維持にも繋がっていた。

（柏　春菜）

# 3章

# 萱を暮らしに活かす

# ヨシで屋根を葺く

## ●萱屋根葺き「葭留」

滋賀県近江八幡市安土町でヨシの屋根葺きを家業にする「葭《よし》留《とめ》」を主宰する私は、当年75歳となる。葭留は私で4代目。先代までは、刈り取ったヨシを選別して販売を主に京阪方面の需要に応えて葭戸や立て簀などを製造していた。

明治初年に私有地となった葭地を引き継いで、葭地焼きやヨシ刈りなどを行なって維持管理しながら葭製品をつくることを家業にしてきた。昭和30年代に入って、「ヨシクロス」（葭織物）などの新製品も開発された。昭和50年代中ごろから中国産のヨシや簀が安価で大量に入ってきたので、ヨシ産業は衰退していった。その中で屋根職人のひとりから大阪の方で屋根修理の仕事があるので、材料のヨシを仕入れるから作業を手伝って欲しいとの話があった。私は、街場では茅葺き屋根が少なくなるが、修理業者はかえって求められているのではないかと思い、屋根葺きの営業をするようになった。仕事が決まると職人を連れて下手伝いをしながら、屋根葺きをするようになった。大量にヨシが使えるのは屋根葺きだと考えたので、右も左もわからないながら、屋根葺きの仕事を始めた。

ヨシ灯りを手にする筆者

自分のヨシ地も含めて、20～25haのヨシ原から収穫するヨシは、１５０坪の倉庫にいっぱいになる。これを年々使い切る仕事を確保し続けること。これが家業として続けていける条件だ。幸い30～50代の4人が葭職人を目指して一緒にやってくれている。それまでは、後継者もいなかったので、家業もおしまいとあきらめ気味だったが、今はこの後継者の若い人たちのためにも、ヨシ利用の仕事をいろいろ開発し、ヨシを使う仕事の社会的な意味や環境も伝えていきたいと思っている。

ヨシ倉庫。4～12月まで使う屋根材料を収納する。材料を積んだその下ではヨシを切ったり混ぜたり加工作業をしている

## ●琵琶湖西の湖のヨシ群落と人の関わり

琵琶湖最大の内湖で、その面積222haといわれる西の湖。琵琶湖八景にも数えられるこの西の湖には、近畿地方最大といわれる109haのヨシ群落がある。この西の湖のヨシ原はすべて私有地である。ヨシは毎年4mにも生長し、かつては屋根葺きの材料になるほか、簾《すだれ》、葭簀《よしず》などに加工され出荷されていた。

一方でヨシは、水質、土、空気の浄化作用があり、水辺の環境保全にも大きな役割を果たしてきた。このヨシ原を含む大規模な湿地帯には、絶滅が危惧される貴重な動植物も数多く確認され、ガン・カモ類やヨシキリ、カイツブリなどの鳥獣保護区ともなっている。1992年7月には、滋賀県の「ヨシ群落保全条例」が施行され、西の湖一帯が保全地域に指定された。翌年6月には琵琶湖がラムサール条約湿地として登録され、2008年10月には登録エリアが拡大され西の湖が追加登録されている。

冬の西の湖に広がるヨシ湿原

西の湖の東岸にある安土町。信長の居城跡で知られる安土山は琵琶湖の内湖に突き出た半島で、三方を琵琶湖に囲まれ、東海道、中仙道から京へとつながる東西交通の要衝であり、琵琶湖舟運の拠点だった。かつては「江州ヨシ」といわれて、品質の高いヨシ製品の産地としても知られ、屋根葺き材料のほか、簾や葭簀、祭り用の松明《たいまつ》などに加工された。

戦後の食糧難のころ、しきりに水田化を奨励されたが、戦後復興期でヨシ需要も多かったため、米以上に収益になるヨシ原を維持する農家も多かった（農地と同格の扱いで地元では「葭地」と呼ばれる）。ただ、1、2月の極寒の水辺で4mに近いヨシを刈る作業（春まきの作業という）は重労働であった。それでも副業にヨシを刈り取りする農家は多く、ヨシ屋を業《なりわい》とする問屋が現在の近江八幡市の各地域に軒を並べる盛況ぶりだった。

刈り取ったものを回収・選別してヨシの製品にして、売りさばくのがヨシ問屋。昭和40年代（1965年〜）までは盛んだったヨシ産業だが、高度成長時代になると住居の屋根もしだいに瓦に代わり、トタンが張られてヨシは減り簾もプラスチック製品が増えた。ヨシの需要減に追い討ちをかけたのが、中国からの輸入品。1980年代に入る前に、ヨシ産業はほとんど衰退していった。昭和47年の日中国交正常化以降は、中国から大量のヨシ製品が入ってきた。現在、西の湖のヨシ産業は一部の方が家業として引き継ぎ、守られている。ヨシ産業の衰退は、ヨシ地の管理放棄につながったが、環境保全にヨシの果たす効果の大きさが見直され、近年はヨシ焼きやヨシ刈りにボランティア団体が関わり、ヨシ原の維持が進められている。

## ●ヨシのさまざまな利用法を研究模索する

### 【西の湖ヨシ灯り展】

ヨシの新しい使い方を提案したいと思い、ヨシのオブジェやヨシを編んで中に灯りを入れて展示する「ヨシ灯り展」を10年以上続けてきた。小中学生から芸術大学の学生や一般までさまざまな年齢層に参加を呼び掛け、干拓地の浄化池(よしきりの池)で9月末の土・日曜日に展示する。夜間はライトが点灯されて好評である。フランスからの参加者がきっかけで、パリに葭葺き屋根の茶室をつくった。これは、

ヨシ灯り展の入賞作品

1999年にフランスのパリ近郊に茶室をつくるという話があり、2000年にスギ材や礎石は高知県から、滋賀県からは葭葺きの屋根を、現地で日本武術の師範をされている人に贈った。これが縁で、その後は毎年JICA(ジャイカ・国際協力機構)の研修生が、国際湖沼環境委員会(ILEC・アイレック)の依頼で、ヨシと環境について報告をするようになった。2018年はその屋根の葺き替えをすることになり、8月に渡仏する。滋賀県立大や京都大から葭地と環境保全というテーマで講演依頼もあり、講演内容をパソコン上で保存している。

ヨシで漉いた紙をランプシェードにしたウォールライト

### 【釉薬づくり】

ヨシを焼いて釉薬にした焼き物にも取り組んだ。釉薬の細かな実験データもある。おもしろい色合いの焼き物になったが、ヨシの使用量は限られる。

ヨシ灰を釉薬に使った信楽焼

ホテルの内装にも使われた葭壁

壁用インテリア。円形枠にヨシの切り口を並べ、葭織で琵琶湖をあしらう

ヨシを焼くと量が少なくなり、なかなか難しい。

【葭紙】

大手文具メーカーのコクヨが葭紙を開発。発案者の社員は、子ども時代にヨシの細工をした経験のある人だという。子どものころの体験が思わぬところで力を発揮するものだと思い、ヨシ灯り展などにも一層力を入れている。

【壁インテリア】

壁に葭葺き屋根の手法でヨシを使うインテリアも開発した。これはデザイナーとの共同作業。琵琶湖のホテルのオーナーは新しいヨシ文化を創造しようとしているし、京都のホテルからも依頼があるなど、今後に期待がもてる。

写真は製作中のもの

## ●琵琶湖周辺でのヨシの活用

現在の近江八幡市安土町では、徳川幕府が成立する前後の慶長年間（1596〜1614年）から「近江ヨシ」として、琵琶湖の西の湖のヨシを活用した地場産業が盛んであった。京都のお茶文化と関係して、発展してきたと考えられる。ヨシを利用した工芸品としては、京すだれや篳篥《ひちりき》・茅葺き屋根・茶室材などであり、京都文化を支えてきたといえる。安土の発展は、立地上の位置と水運も関係していた。

ヨシは、葉鞘の形状から、赤口葭と白口葭とに分けられる。成長しても竹の皮のような葉鞘がすべてを包んでいるものを白口葭、途中まで包んでいるものは赤口葭と呼んでいる。赤口葭

夏簀戸とヨシの衝立

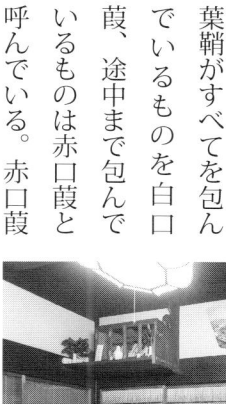

和紙に代えてヨシでつくった風炉先屏風。節が見えない大阪式技法

ヨシ製のハリネズミ。毎年秋に開催される「ヨシ灯り展」の作品

ヨシ束を下地材に使った小舞壁

は、ヨシ簾《す》やヨシ簾戸に使うときれいな模様を描くことができる。その模様は100年以上経っても変色せず、味わい深い色となっていく。

京都へは赤口葭、中京圏の名古屋や金沢へは白口葭、節隠しは大阪式と、ヨシの特徴を生かした選別をしたものである。

ヨシの利用には、次のようなものがある。住宅に関連するものでは、建具の夏簾戸《なつすど》、立て簀(簀立て)のほか、建築用材としては、葭葺き屋根材、葭織壁化粧材、壁下地小舞葭、葭壁がある。農業用資材や農産加工資材としては、茶の葉の日除け簀(宇治茶の玉露のための覆い下栽培に使う)、寒天加工に使う簀、椎茸栽培用の簀、雪囲いのための簀、田んぼの暗渠葭(排水用)などがある。このほか葭紙(手すき・機械すき)やお茶席の簾《すだれ》、にも使われている。

茶栽培用の立て簀

## ●琵琶湖畔の萱場管理

### 12~3月——葉が落ちてから葭刈りが始まる

40年くらい前は、12月初めごろにはヨシの葉が落ちたので、葭刈りは12月10日ごろから手刈りで始まったけれども、最近は温暖化の影響で、12月末ごろにならないと葉が落ちない。1月から機械による葭刈りが始まる。しかし琵琶湖総合開発以降、琵琶湖の水位はややもすると高く、プラス水位になって葭地が水に浸かって、作業がやり辛くなる。

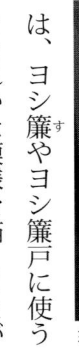

### 3月末――葭地焼き

取り入れの作業は3月末までで終わって、天候によるが月末の土曜か日曜日に葭地焼きをするようになった。1日かけて40haを焼く。3月末には琵琶湖総合開発の影響で、琵琶湖の水位が上がってくるので、ヨシ地焼きが充分できない。

総合開発以前は、水位は比較的低く推移していたので作業が楽であったのと、地元の祭礼があったことなどにより、葭地焼きは、4月の4～5日くらいに行なわれていた。

琵琶湖西の湖の湿地

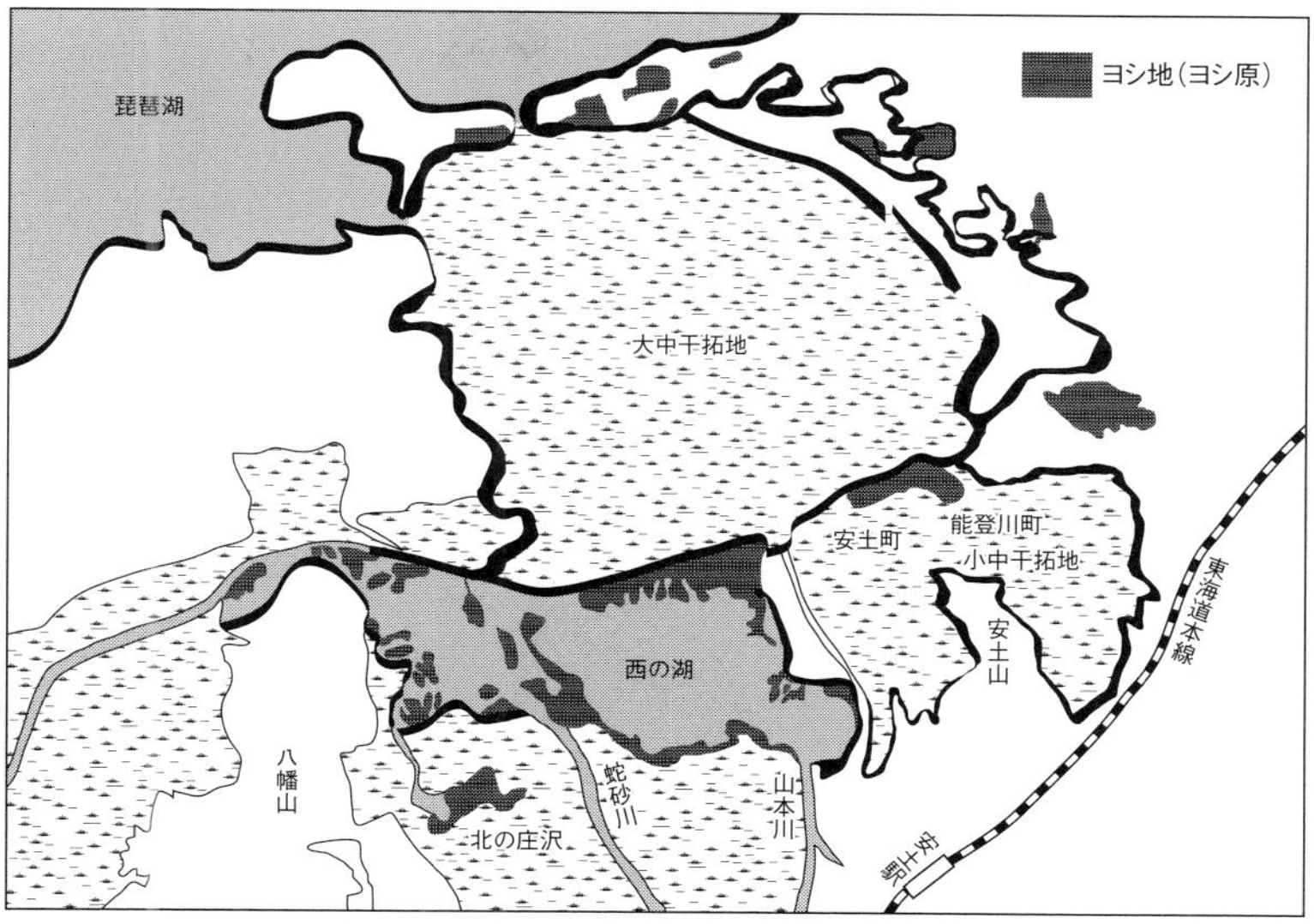


新芽が出たところを焼くことで、新芽が火傷をして生育が止まり、腋芽が一斉に出て競争するので、揃った太さのヨシになる。暖かくなったところを焼くことで、草の新芽も焼けるのと虫などの土壌消毒にもなる。

1960年代まではヨシがよく売れたので、1本残らず刈取り、地主である所有者が自分のところの葭地だけを、区切ってそれぞれ焼いて管理した。

しかし、70年代に入って中国から簾が入って、ヨシが売れなくなると、管理するものがなくなり放置されるようになった。4月になると水位が上がるので、ヨシ業者の私が声掛けして、3月末の土曜か日曜日に一斉に焼くようにした。安土地区を15人で焼く。段取りとしては、消防署に電話連絡するだけである。

葭地焼きの目的

①新芽が出掛けたところを焼く。焼くことで新芽の勢いを止め、脇芽を出させて新芽と競争させることで、均質なヨシに育つ。

②雑草の伸長や虫の発生などを抑えるための土壌消毒の効果がある。

③焼いた後には灰が残る。焼くことで窒素は空中に出ていくが、リン酸とカリは残る。

### ●屋根葺き――「丸葺き」と「差し屋根」

そっくり葺き替えるのは「丸葺き葺替《ふきかえ》」、傷んで減った分を補

「葭留」の年賀状。年々手がけた丸葺き屋根の写真を年賀状にしている

充修理するのが「差し屋根」だが、丸葺きはなんといってもヨシを使う量が違う。年に1、2件丸葺きがある。寺や神社が多いが、丸葺きで完成した建物を写真に撮って、年賀状に仕立て広告代わりに顧客に送っている。屋根葺きの原点は竪穴住居。穂の方を下向きにして使う一番古い形式で、「苫《とま》葺き」と呼ばれる。雨水も落ちやすい構造であり、作業しやすいが、数年に1回の修理が必要となる。今の葺き方は株元を下にする葺き方になっている。

**【茅葺き屋根の構造】**

- 屋根組：屋根の骨格となる合掌があり、その上の棟《むね》、垂木《たるき》、母屋《おもや》などの材の組み方（図参照）
- 棟かざり：杉皮にカラス止を配して棟木でとめたもので、屋根の頂上である棟に置く
- 押え竹（おしぼこ縁竹《ぶちだけ》ともいう）：葺き束を配置して、その束が動かないように固定する竹
- 小舞竹《こまいだけ》：葺き束を母屋竹と同じ方向に繋げて、固定するための細めの竹
- 軒付《のきつけ》：茅葺き屋根で、軒先に葺材を厚く重ねている厚みの部分
- ワラ縄：母屋竹や垂木竹を固定して屋根組をつくったり、縁竹で葺き束などを固定するのに使う。2分縄、2分5厘縄など直径の大きさで種類が違う

垂木と母屋

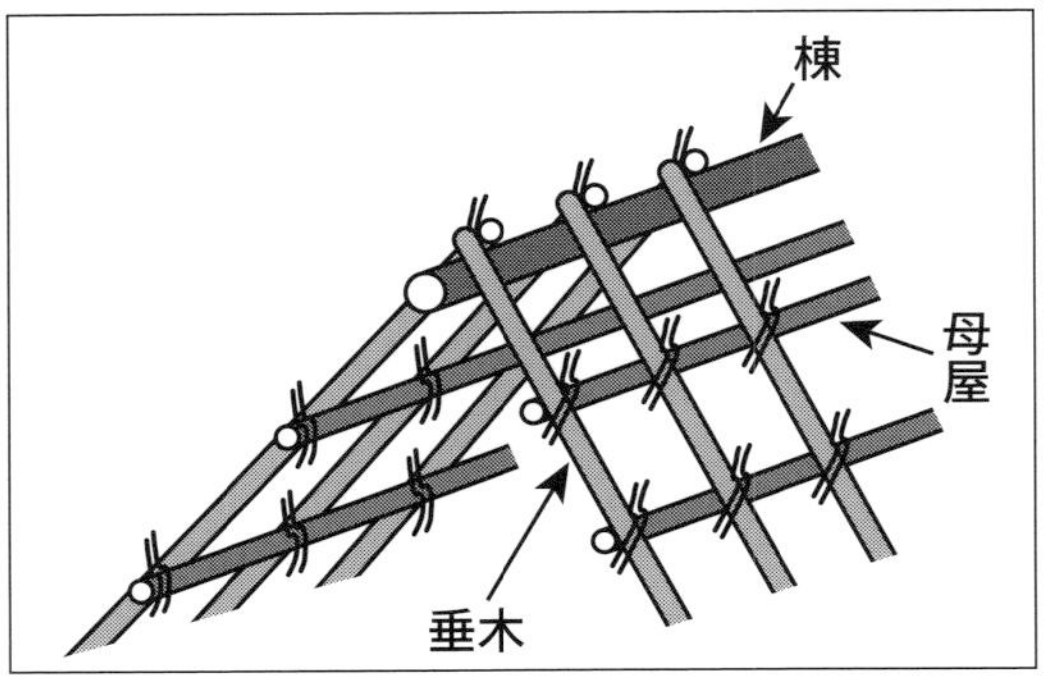


**【茅葺き屋根の特徴】**

ヨシを使った茅葺き屋根の特徴は、植物としてのヨシの利点が、屋根材として生きているということができる。ヨシは水生植物で水に強く中空である。

このため、ヨシは、空気の層をつくって外気と室内を完全に遮断しないので、通気性・断熱性・吸音性・調湿性に優れている。また、夏は涼しく、雨音がしない。さらに、囲炉裏を使っても煙が抜け、かつ煙を吸着するため、室内に煙が充満して困るということがない。ただ、火に弱いのが欠点である。

## ●茅葺きの作業――屋根丸葺きの場合

【屋根葺き替えに使う道具類】

屋根葺き替えに使う道具には以下のようなものがある。

- 押切り：ヨシを切って寸法を揃える
- 槌：ヨシ束を重ねたあと、表面を揃えて整えるためにたたく
- 羽子板(たたき)：軒をたたき上げて揃え、軒を一線にする
- 竹針：竹を縦割りにしてわら縄が通るくらいの穴をあけ、茅を押え竹で留める時に内側の垂木竹を縄で縫い留める針
- こじ針：差し屋根の時に隙間をあけるために使う。屋根に水平に差してから、ぐいっと垂直に立ててヨシに空間をつくる
- 金針：針金など細いものでヨシを通すときなどやくくる時に使う
- 屋根ばさみ：のぼりばさみと仕上げばさみがある。屋根に葺いたヨシ束の端を切り揃えて線を揃えるために使う

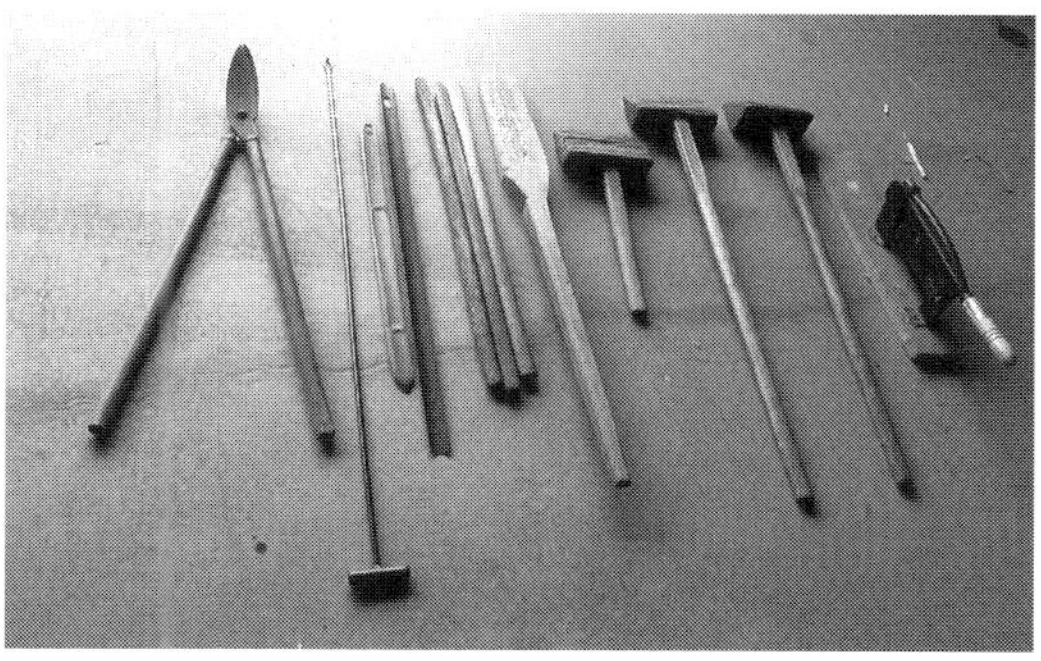
屋根葺き替えの道具。左から押切り、羽子板、こじ針3本、竹針2本、金針1本、屋根ばさみ

- のぼりばさみ：作業中に棟に向かってヨシ束を切り揃えるのに使う
- 仕上げばさみ：最後に屋根の保有面を切り揃える
- 木鎌：縄や竹などを切るのに使う
- 木ばさみとラジオペンチ：わら縄や針金を切るのに使う

【丸葺きの手順】

平安時代に観月の名所とされた京都嵐山嵯峨野の広沢池の湖畔にある聴松亭《ちょうしょうてい》(口絵参照)。以下では、この聴松亭の屋根を丸葺きした際の様子を例にして、葭葺き屋根を丸葺きする作業の手順について、写真を中心に紹介する。

葺き替え前は、長い年月を経るなかで、屋根に苔が生えてい

葺き替え前

葺き替え後

東妻面と北平面をめくる

竹足場と素屋根

妻面と平面

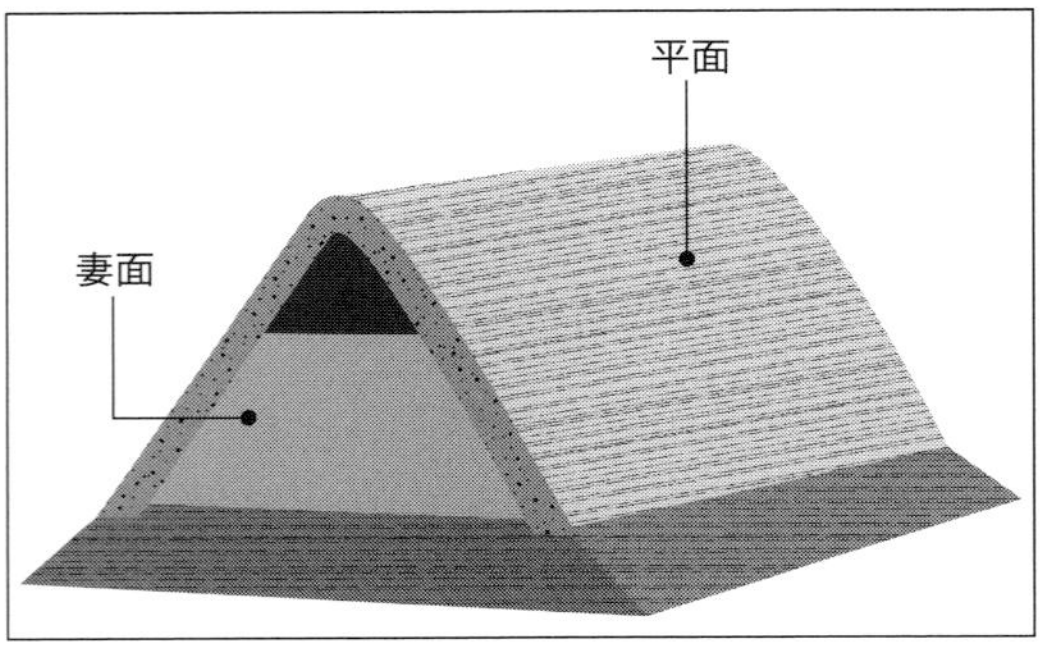


る様子が見て取れる。素材は主にススキで葺かれていた。今回はこれをそっくりヨシで葺き替える作業(丸葺き)を施した。

◎作業のための足場づくり

(1)聴松亭の屋根を覆うように素屋根《すやね》を設置する。これで雨の日も作業ができる。素屋根と一緒に古茅をめくる作業のための「竹足場」を掛ける。

◎東妻面・北平面を葺く

(2)まず、東妻面、北平面より古茅をめくる(上図)。

(3)合掌の形に組まれた骨組みをつくる材木の補充・補強を行なったあと、横方向に渡した母屋竹《おもやたけ》と縦方向に走る垂《たる》木竹《きだけ》のなかで傷んだものを交換し不足分を新しい竹で補い、太さ2分5厘(約8㎜)の縄でくくり直す。

母屋竹と垂木竹をくくって骨組みを補強

(4)獣が小屋裏に入るのを防ぐため、下屋の瓦と葭葺きの取り合い部(境界部分)に網を取り付ける。これは聴松亭が初めての試みだった。隣に山が迫っており、獣の侵入を防ぐ対策が必要と判断したためだった。

1段目はススキを再利用する

(5)くくり終えた竹下地組の上に軒から、山でいえば山頂にあたる棟に向かっ

補強して獣対策の縄を付ける

て順に葺いて上がっていくことになる。

(6)軒付の1段目は、使われていた茅(ススキ)を再利用し、押さえた縁竹《ぶちだけ》(ヨシを固定する押え竹になるもの。足場に使う竹より細い竹を使う)に、獣避けの網も一緒にとめる。

(7)軒付の2段目からは、ヨシで仕立てた葺き束(ヨシを束ねたもので直径20㎝くらい)を2分縄(太さ約6㎜)でかきつけていき、縁竹で押さえる。

(8)軒付を葺き束で3段葺いて、軒の厚みを出す。

(9)これまで使われていた古茅(聴松亭ではススキ)を「替」(ステまたはのべともいう)と呼び、新しく葺くヨシの勾配を整えていくための材料として押え竹の上部に入れる。ヨシは比較的硬くて曲がりにくいため、隙間ができたり、バラケやすかったりする。そこで、このススキの「ステ」を補うことで、これらの不具合を起こさないようにしている。「ステ」は表には出てこないが、中で再び屋根を支えている。軒付《のきづけ》ヨシの上にもステを並べ、軒付と平葺の角ができる。これが雨水を切るので「雨切《あめきり》」と

葺き束を置き縁竹で固定

2段目のあとにステを補う

軒付の3段目にかかる

葺き束を置いていく

いう。

(10)角をしっかり縄や銅線でかきつけ、葺き束を並べて、縁竹で押さえて、垂木竹とで縫い留める。

(11)押さえた縁竹の上にステを置き、また葺き束を並べて、縁竹で押さえる。この作業を繰り返し、繰り返して、山登りでいえば「山頂」に当たる「棟」を目指す。

### ◎西妻面・南平面を葺く

(12)西妻面、南平面も古い茅をめくり、葺く準備に入る。

(13)傷んだ垂木竹、母屋竹を外し、合掌の補強材を据えて、合掌と母屋竹、母屋竹と垂木竹を、縄でくくりなおしていく。

(14)上から順に、垂木竹に木舞竹を縄で留めて茅が垂木竹に入

切り揃える

「頂上」の棟を目指す

葺き束を固定し切り揃える。太い竹は足場用

ステ、葺き束を重ねて縁竹で押さえる

西妻面と南平面の骨組みを補強

北平面の葺き束の重なり具合

らないように敷く。
(15)獣の侵入を防ぐための網を設置し、下地組が仕上がる。
(16)軒付を3段葺き、次に雨切、次に平葺きと、順に葺きながら棟を目指して上がっていく。
(17)屋根葺きの作業では、1段ヨシを葺くと、足場にするやや太めの竹を吊るし、この足場の竹に乗って、次の1段を葺いていく。
(18)妻面は、破風垣の下まで葺いていける、南北の平面を棟目指して葺いていく。
(19)棟までヨシで葺き上がり、葺き止めの後、棟を仕上げる棟仕舞にかかる。

西妻面と南平面がほぼ棟の下まで葺き終える

棟の葺き替えにかかる

(20)棟を杉皮で仕上げ、棟の上に下向きに7本の「カラス止まり」を据え、「カラス止まり」を横に押さえる棟木を挙げる。

棟を葺く

◎仕上げの刈り取り
(21)素屋根を外して刈り取りに入る。
棟際から順に槌という道具を使って地を整えながら、刈り込

棟木の下に縦に7本見えるのが「カラス止まり」

「カラスよけ」のステンレス線を張る

みをし、竹の足場を外し、下りていく。

(22)足場を外して完成へ。

(23)カラス避けの対策として、棟からステンレス線を張る。

### ●ヨシの環境と今後の課題

ヨシが生育する環境には大きな自然が残っており、生物多様性と自然浄化によって保全されているが、問題はそれを我々がどれだけ活用し保全していけるかにあると思う。ヨシ産業は化石エネルギーや電気に依存せずに成立できる文化的総合技術ではあるが、それをどれだけ評価して活かすかにある。またヨシは、$CO_2$を多く貯留できる植物であり、$CO_2$買取権も主張できる。

たしかに葭地の所有者は高齢化していて、後継者問題を抱えているが、若者はヨシやその環境に目を向け始めていることが注目される。ただ、このヨシにどれだけ付き合えるか。ヨシの保全には、ヨシが自然を育てている部分（水・土・空気の自然浄化）をアピールすることと、建築基準法22条（屋根を瓦や鉄板などの不燃材料で葺くこと。延焼のおそれのある部分を準防火性能のある技術的基準に適合するものにすることを規定している）の見直しを含めた特区の指定などが必要と思われる。

（竹田勝博）

# 渡良瀬遊水地のヨシ利用

### ●葭簀を編む

**【水稲経営を支えるヨシの活用】**

栃木市藤岡町に住む私は、76歳。7人兄姉の末っ子だったが、生家を継いで農業を続けてきた。田んぼは8町歩。昔は米だけでも成り立ったが、いまは米だけの経営ではとても無理なので、他のものを組み合わせないといけない。水稲経営を支えるのが、渡良瀬遊水地のヨシを活かしての葭簀《よしず》製造と販売だ。兄姉のなかには教師になったものもいる。教師は教科書を教えればいいが、農家はすべて自分で考えてやっていかなければならない。教科書のない仕事を自ら開拓してきたという思いも強い。

松本八十二さん

ヨシを利用して、住居用の葭簀、原木シイタケ栽培用の葭簀、モミガラにかわる暗渠排水資材、土壁の骨組み資材、エンドウ豆栽培用の支柱などを製造し、販売してきた。葭簀の製造には、本人夫婦のほか現在アルバイトとして10人を雇用して、通年で製造販売している。

## ●ヨシ焼きとヨシ原の維持管理

私が、会長を務める「藤岡ヨシ利用組合」は、渡良瀬遊水地利用組合連合会に加盟していて、現在、連合会の会長も私が兼ねている。

利用組合は、遊水地周辺に15カ所あるが、組合員1～2人というところもある。藤岡利用組合は組合のなかでも最も大きく、現在15戸が加盟。組合員は、もともと遊水地に入会権をもっていた農家ばかりである。

写真は3月18日のヨシ焼き。連合会が主催するヨシ焼きは、ボランティアも依頼して、国交省河川事務所、消防署、市役所・町役場の協力を得て行なわれ、観光上も一大イベントとなっている。この時点で、組合員は、葭簀の製造もいったん終了となるが、私のところは通年で製造している。

神主によるヨシ焼きの点火棒への着火

ヨシ原は湿原地帯だが、ヨシを利用しなくなると、柳が繁殖して水を吸収してしまうために、湿原がなくなり、ヨシも消えていく。放置されたヨシ原では、柳が優勢となり土が乾いている。

3月18日にヨシ焼きしてか

燃え上がる炎

終息に向かう

ヨシ焼き点火

ら3カ月近く。既に草丈は3m近い。「オンナヨシ」と呼ぶ葭簀編みの原料になるヨシは、3m近いものもあるが、短いものもあり、場所によって大きく生育が違う。ススキが優勢のところもあり、刈り取りのときの効率にも関係する。2016年は11月に、例年より早く雪が降り、葉に雪が残っていた。雪の重さで茎が折れたり、曲がったりしたヨシや水に長く浸かってしまったヨシが結構あった。

ヨシ原に広がる柳

3m近いものもあるが、場所によって生育は異なる

水に浸からない採取地のヨシ

水に浸かる採取地のヨシ

## ●ヨシ刈り

### 【刈取り機1台でも1日3～5反が限度】

12月初めから3月のヨシ焼きのころまでが、ヨシ刈りの時期となる。私のほか、男3人、女1人での作業である。私がトラクタに付けた刈取り機で刈り取ると、トラクタの脇に付いている1人が抱えるようにして束にし、平地へ運ぶ。残りのメンバー3人は、運び込まれ

ヨシの刈り取り

刈り取り後のヨシを揃える

たヨシの束を、穂のほうから引き抜き、立ててトントンと長さを揃えて紐でくくる作業を行なう。

機械で刈り取りしても、1日3反から多くて5反くらいの面積しか刈り取れない。

２０１７年は春先の伸びる時期に乾燥続きの天候だったので伸びが悪かった。８月以降は台風が頻発、風による曲りが発生した。茣蓙用には先が曲がると編み機にかかりにくいので、良品とはいえない。全般に２０１７年はあまり良くなかった。

**【暗渠用と茣蓙編み用に仕分ける】**

刈り取りの現地では、暗渠用と茣蓙編み用とに仕分ける。暗渠用のヨシの1束の太さと長さについては、栃木県の基準がある。畳縁(たたみぶち)に使う布を紐にして、結び目をつくり、2つの結び目の間を75cmにする。この紐でちょうど結び目が出合うくらいの太さを1束として(円周75cm直径24～25cm)麻ひもで綴じて暗渠用にする。長さは基準が9尺(２７０cm)だが、足りない場合は途中からヨシを付け足たす。１９９３(平成5)年くらいから暗渠用の販売が始まった。中国からの輸入で、国内の茣蓙が売れなくなってきたころだ。

暗渠用ヨシの束

刈り取ったヨシは、屋外で乾燥させたのち、倉庫に取りこむ。

倉庫に保管されるヨシ

**【刈取り機】**

刈取り機は昭和50年代に導入した。それまでは集落中で各戸とも夫婦して手刈りしていた。その後１９６８(昭和43)年に私のところでは刈払い機を導入した。当時刈払い機は6万円くらい、集落のなかではまだ誰も持っていなかった。刈払い機のあとはバインダー、さらに酪農家が使う草刈り機を改良してヨシ刈り

束の太さを一定にするための畳縁布を使った紐

刈取り機の刃

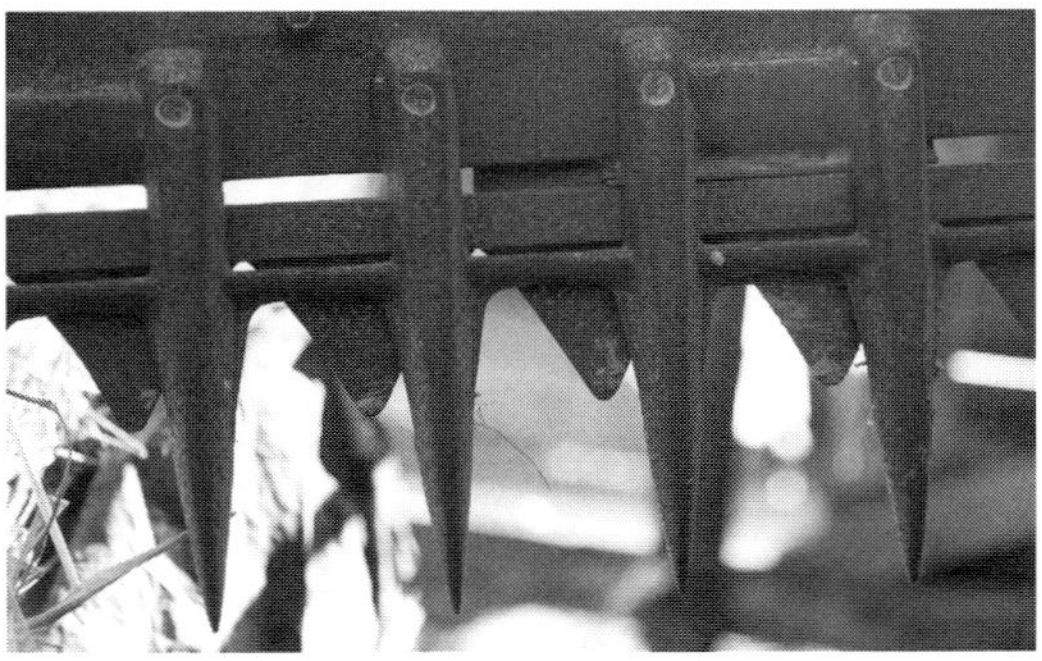

以前の刈取り機の刃

用にした。機械はドイツから代理店経由で輸入する。ちょうどバリカンのような構造のものだ。この機械も以前は上の刃が固定されていて、下の刃だけが動いて刈り取るものだった。今の機械は、上下の刃が動いて刈る方式。以前の刈取り機は、上の刃がかなり太くしっかりしたもので、折れることはなかったが、今の刈取り機は、上の刃が弱くなり、刈り取り中に折れることもある。

つる草の絡むヨシ

【ヨシ原】

つる草が絡まっているヨシがある。蔓《つる》性の「ヤブタオシ」がはびこるとヨシは枯れる。渡良瀬遊水地は水道水の源としても利用している関係から、除草剤は使えない。肥えた所は伸びもいいが、太さが足りず、曲がることも多い。砂地にいいものがある。刈り取った後は刈取り地を明記しておく。

## ●葭簀編み

【シイタケ原木栽培用の葭簀編み】

通年の製造を支えるのは、原木シイタケ栽培農家からの栽培用葭簀の注文である。注文は1戸の栽培農家から1000枚単位になることが多い。しかもこのシイタケ栽培に使う葭簀は、日光を遮って、原木が湿り気を維持できるようにために使われる。このため、ヨシの表面の皮を剥かずに編みあげて製品にする。ヨ

シイタケ原木栽培用の葭簀

シは皮がついていることで、水分を保持することができるからだ。住居用葭簀は皮を剥いて、見た目をきれいにして仕上げる必要があるのに比べ、ひと手間省けるので、生産効率もよく、収入の中心になる。

妻とパートの女性との2人で、シイタケ原木栽培に使う葭簀を編んでいる。

**【編み機を使っての製造】**

◎押切り——ヨシの長さを揃える

編み機にかける前に、ヨシを「押切り」で切って、長さを調整する。押切りには9尺(2・7m)、7尺(2・1m)などと書かれたスケールが付いていて、これで長さを揃えて切る。

棕櫚糸編み部分。糸をつなぐ

◎シイタケ栽培用葭簀

シイタケ栽培用の葭簀は、1枚の製造に30～40分かかる。以前は、編み上がった葭簀の両端を押切りで切り揃える作業は別工程だったので、その分さらに時間がかかった。今の編み機は、編みながら両端を切り揃える作業も同時に行なえるので効率がよい。それでも、一人1日8枚程度の生産だという。

◎棕櫚縄巻き

葭簀編みのたて糸となる棕櫚《しゅろ》縄を糸まき(機械編みではボビン、手編みの場合はコマと呼ぶ)に巻くのは、私の毎晩の仕事である。棕櫚縄は和歌山県海南市の業者「大

押切りする時の寸法を測る定規

押切りによる切り揃え

シイタケ原木栽培用の葭簀

幸」から仕入れる。

◎編み機による工程

編み機で編める葭簀の長さは、2・7mのものまである。

等間隔に並んだ8つのボビンのそれぞれに、棕櫚縄2本を並行に巻き、巻いた縄のそれぞれの先端を、編み機にある「さすまた」のような金具の、それぞれの先端に1本ずつ通しておく。編み手が、編み機の円形の枠にヨシを送り込んでから、右隅にあるペダルを足で踏むと、さすまた状の金具がヨシを挟んで縄を掛けると同時に、後退しながら半回転してヨシを編み込み、ヨシは編み機をはずれて編み手の手前に垂れこむ。編み手が新たにヨシを送り込んでペダルを踏むと、さすまた金具が半回転して棕櫚縄にヨシを編み込み編み手の手前に垂れこむ。これを繰り返して編み上げていく。編み始めと終りには、細い竹を編み込む。この竹も土手に自生しているものを使っている。

曲がったヨシは、編み機の枠に入れにくく、時間が余計にかかる。先述したように、

手編み機の糸巻駒

棕櫚縄を巻いたボビン

棕櫚糸編み部分。2本の糸で編みあげる

編み機へのヨシ挿入

集落に自生する竹

細いヨシの場合は一度に複数本を編み機の枠に送り込み一緒に編み込む。

**【住居用の葭簀編み】**

６月から住居用葭簀の製造にかかる。皮むき機で皮を剥ぐ作業を含めて、葭簀の全工程を含む作業となる。長さを揃えてから、皮を剥いた原料のヨシを、編み機に掛けたり、手編みしたりして葭簀に仕上げる。

◎材料となるヨシの調製

押切りで長さを調製するのはシイタケ栽培用葭簀と同じ。ただ、皮むき機に通すときに危なくないように、手でヨシを握る部分を確保するためにやや長めに切っている。

皮むき前

皮むき後

水に長く浸かっていたヨシは、表面の色が黒ずんでおり、皮むきなど調製はするが、きれいなヨシと混ぜて編み込むようにする。素材となるヨシの太さが決め手で、細いものばかりだと時間がかかるわりに、仕上がる数はすくない。細いヨシは複数本を一度に編み込むようにして、幅を出す。

◎住宅用葭簀に必要な皮むき工程

２・７ｍまでの長さのヨシを編む前に、皮（節のところに残る葉鞘）を剥ぎ取ってきれいにするのと、水に浸かるなどして黒ずんだ部分を削り落とす調製作業がある。これが「皮むき」と呼ばれる作業である。扱うヨシの量も多いので、この皮むき作業には特注の「皮むき機」を使っている。

皮むき機の構造は、ピアノ線をタワシのような形に丸めたものを２つつくり、上下に設置してモーターで回転させる。この回転する丸い「金属タワシ」の間に、ヨシを通して、皮を剥ぐ。ヨシを通す先には、波トタンの受け台を準備し、ヨシが折れな

皮むき機

皮むき機による皮むき

いようにしている。

　この皮むき機にかけても皮は残るため、手作業による仕上げが必要で、これは妻が行なっている。仕上げでは、取りきれなかった皮を手で除くのと、茎の黒ずんだところを包丁で削る。皮むき機がなければ、この調製作業には今の倍の時間がかかるだろうと妻はいう。皮のついている向きを見定めて手を手前にひねるか、向こう側にひねるかをきめる。ひねり方で皮の外れる速さが違うので、このひねり方は作業のコツのひとつだ。皮むきが済むと、きれいなヨシになる。

　これからあとの編み込みの工程はシイタケ栽培用葭簀と同様である。

皮むきの仕上げ作業

手編みの葭簀づくり

◎手編み葭簀の工程

　２・７ｍ以上のヨシは、編み機にはかけられない。そこで葭簀を手編みする必要がある。この３・６ｍの大きさの葭簀は特注品で、４月に１００枚の注文があった。最近は荒物屋や園芸センターからの注文も増えている。ヨシの倉庫に設置した手編み装置での作業となる。

◎棕櫚縄をコマに巻く作業

　編み機のボビンに棕櫚縄を巻くのは単純な作業だが、手編みに使うコマに棕櫚縄を巻くのは、ちょっとした巻き方の工夫が必要だ。ほどくのに手間がかからず、すぐに長さが得られ、しかも残りの縄はコマからほどけないように巻かれていなければ

棕櫚縄を巻いたコマを交互にヨシに掛けて編む

ヨシの太さによって本数を調整する

図　棕櫚縄の巻き方

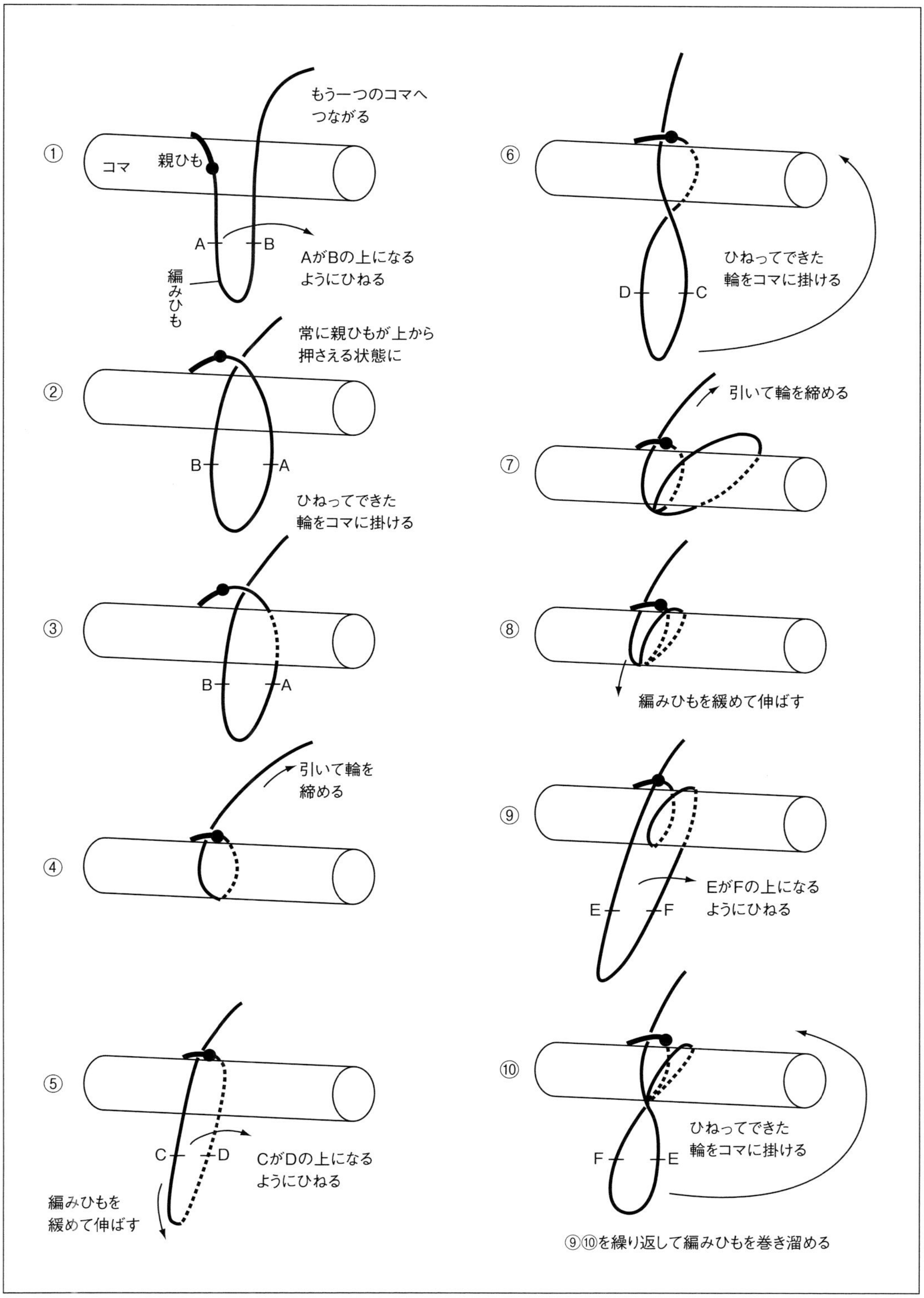
①
コマ
親ひも
もう一つのコマへ
つながる
A
B
AがBの上になる
ようにひねる
編みひも
②
常に親ひもが上から
押さえる状態に
B
A
ひねってできた
輪をコマに掛ける
③
B
A
④
引いて輪を
締める
⑤
C
D
CがDの上になる
ようにひねる
編みひもを
緩めて伸ばす
⑥
D
C
ひねってできた
輪をコマに掛ける
⑦
引いて輪を締める
⑧
編みひもを緩めて伸ばす
⑨
E
F
EがFの上になる
ようにひねる
⑩
F
E
ひねってできた
輪をコマに掛ける
⑨⑩を繰り返して編みひもを巻き溜める

編み上がった葭簀

ならないからだ。巻き方を前ページの図に示す。

手編み台は、俵編み器と同じ原理である。葭簀の長さよりも長い角材を横に渡し、15cmほどのクリの木に穴をあけて棕櫚縄をまきつけたコマ（糸巻き）を15本ほど垂らしてある。これにヨシを載せてコマを交互にかけて編み込んでいく。

（松本八十二）

# 各地の萱利用

## ●火祭り「松明あかし」で使う松明の材料—福島県須賀川市

福岡県久留米市大善寺玉垂宮の鬼夜《おによ》、長野県野沢温泉村の道祖神祭りと並び、日本三大火祭りの一つとされる須賀川市の「松明《たいまつ》あかし」は、毎年11月の第2土曜日に行なわれる。祭の中心は直径2m、高さ10m、重さ3tの大松明1本と、これよりも小さい直径1・5m、高さ7mの松明28本。松明は、柱の骨組みを竹でつくり、この中に乾燥させた萱（ススキ）を大量に詰

「松明あかし」で点火されて燃え上がる松明群。大松明は直径2m、長さ10m、重さ3tという大きさ

大松明の行列。総勢150人の担ぎ手が市内大通りから五老山まで約2㎞を練り歩く

松明づくり。柱は竹の骨組み、ススキを大量に中に詰めて畳表で包む（写真：いずれも安藤基寛〈須賀川市役所〉）

め込んで畳表で包んだもので、市内の中学校、高等学校、地元企業などで製作される。ススキは、地元の河川敷や耕作放棄地で刈り取り、農家のビニールハウスなどを借りて乾燥させる。1本の松明に使うススキの量は2t車1台分という。

市内にある五老山の山頂に建てられた松明に、二階堂神社で奉受された御神火を手にした御神火隊が市内一巡ののち、五老山の大松明に点火されたあと、ほかの松明にも一斉に点火されると祭はクライマックスを迎える。伊達政宗と須賀川城主二階堂氏の戦いでの戦没者の霊を弔ったのが始まりとされる。

## ●ススキで編んだ「すみすご」でネギ保存——青森県八戸市

青森県八戸市の上野正雄さんは、秋口に刈ったススキで編んだむしろで、収穫後のネギをくるっと巻き、倉庫などに立てて保存している。硬いカヤが支えになり自立する。横にして置いておくと葉先が上へ曲がってしまうが、この方法ならネギはまっすぐのまま。似たようなビニール製の資材もあるが、岩ノ沢地区のネギ農家はみんな今も各家で手づくり。昔カヤでつくっていた「すみすご」（炭俵）を応用したので、同じ名前で呼んでいるという。

ネギを立てて保存できる「すみすご」

## ●菅笠・菅コースター——山形県飯豊町中津川

山形の夏の風物詩・花笠まつりに菅《すげ》笠は欠かせない。農家10名が休耕田でスゲを栽培し、土用の丑を過ぎるころに刈り取り、竹の骨組みにスゲを編み込む。毎年2000～3000個のス

菅笠

コースター

ゲ笠を販売。船《ふな》渡《と》川《がわ》葉月さんは「将来はスゲ細工を体験できる農家民宿を経営したい」と勉強中、コースターもつくれるようになった。

### ●食への利用（ジェラート、うどん、せんべい）——滋賀県近江八幡市

ヨシの若葉でつくる粉末「ヨシみどり」には抹茶の約2倍、100g当たり177mgのビタミンCが含まれる。この「ヨシみどり」をいろいろなものに練り込み商品化した。使用するヨシの葉は5月下旬、株が弱らないように最上部の3枚を残して採り、ドラムドライヤーで乾燥・粉末化。ちまき用には、ヨシの若葉を1分間湯通しした後瞬間冷凍しておくと1年間保存がきく。

（編集部）

ヨシせんべい、ヨシ緑茶、ヨシうどん、ヨシジェラート
（写真：安土町商工会）

# 4章

# 萱場の管理

# 火入れと刈り取り

## ●良質なカヤやヨシを得るために

萱場の管理は対象とする植物とその用途によってその方法は変わるが、基本的に株を植えたり種を播いたりすることはなく、昔から使っているところを手入れし、収穫するのが普通である。笹原のような場合を除き、質のよい材料を得るための意図的な管理が必要とされる。

管理を考える前に、まずどのようなカヤが品質のよいものなのかを知っておく必要がある。屋根葺き材として利用する場合には、まず太いものよりは細い稈が好まれる。太い稈は、葺いたときに稈と稈の間に隙間があきやすい。また、肥えた土地で育ったものは太いだけでなく軟らかいため、耐久性の点で難があるとされる。萱葺きの民家で有名な岐阜県の白川郷で聞き取りをしたことがあるが、ススキのことを「オオガヤ」、中部地方に多いカリヤスのことを「コガヤ」と呼び、稈の太いオオガヤよりも、コガヤの方が耐久性が高く、屋根が長持ちするということであった。同じススキは長い地下茎を出さずに株立ちして生えるが、長いこと放置するとその傾向が強くなる。そして同時に稈も太くなり、しなやかさを失う。上質なカヤは細くて長く、しなやかである必要があるようだ。

ヨシも高級な屋根葺き材として利用される。宮城県石巻市の北上川河口域では海苔簀、土壁用、そして屋根葺き材としてヨシ原のヨシが収穫され、出荷されてきた。宮内泰介『半栽培の環境社会学』によれば、ヨシは主に長さを基準に選抜され、長いものは土壁用の壁カヤとして新潟に出荷され、そうでないものは屋根カヤに使われたそうだ。

良質なカヤを得るにはどのような管理が必要だろうか。安藤邦廣『新版茅葺きの民俗学』によれば、カヤは毎年きれいに刈り取って草地から持ち出すことがよいそうである。徹底させるために春に火入れを行なう地域もあると述べられている。合掌集落で有名な富山県の五箇山、相倉地区でも、6月の半ばにカリヤス以外のすべての植物を刈り取ってしまう。これをナカガリという。また、刈った草はソウジと呼ばれる作業ですべて萱場から持ち出してしまう。これは必要以上に土地が肥えてしまうのを防ぐためであると思われる。また、夏に萱場に生える藤、葛、雑草、幼木を除去することや、萱場の周囲に枝を広げる樹木を伐採するといった手入れもあげられている。これには刈ったカヤの中から屋根葺き材に使わないカヤ以外の草が極力混じらないようにする意味もあるらしい。相倉ではクロガリといって、9月にも萱場の縁の草を刈り払う手入れが行なわれる。これらはカヤによく日が当たるようにするための管理であろう。

◇ヨシ焼きの効用

ヨシについてはどうだろうか。渡良瀬遊水地は、足尾鉱毒事件の鉱毒を無害化するために栃木県の渡良瀬川につくられた湧水地であるが、明治時代から遊水地に成立したヨシ原のヨシを刈り取って葭簀づくりが始まった。現在でも渡良瀬遊水地のヨシ焼きは有名である。また、多くの絶滅危惧に瀕する生物の住みかにもなっており、現在は生物保全と観光の意味合いも込めてヨシ焼きが行なわれている。元々のヨシ焼きの目的は、そのほかの地域でも同様であるが、冬の終わり頃にヨシ焼きをすることによって、病害虫を殺すと同時に、新芽に光が届くようにして背が高く、太いヨシを生産することであった。これは葭簀の生産が目的であったからであり、屋根葺き材としてのヨシに太いものが適していたかは不明である。

◇ヨシ刈りの効果

北上川河口域では8月に海苔簀のため細いヨシを刈り、残した太いヨシを12月から刈って土壁用、屋根用として入札にまわしていたらしい。ヨシの場合はススキ等と違って太いものが使われていたことになるが、太いものが屋根材に適しているから積極的に使われたというよりは、細いものを海苔簀に使ってしまったため、太いものが残ったということかもしれない。ちなみにヨシは刈り取りによって細くて密な稈で構成される群落にシフトすることが知られている。さいたま市の荒川河川敷内の湿地で行なわれた研究によれば、ヨシ群落は6月に地下茎のバイオマスが最小であり、この時期に刈り取りを行なった場合、最も地上部への影響が大きく、翌年に細くて密な稈で構成される群落が出現することがわかった。ヨシの場合も屋根葺き材として細い稈が適しているならば、毎年6月頃の刈り取りが管理方法として有効であると考えられる。

## ●管理の違いと生物多様性

萱場の管理の目的は用途に応じて良質なカヤを生産することだが、一方で植物群落である萱場は管理によって大きな影響を受ける。萱場には後述するように絶滅に瀕している希少な生物が多く生息、または生育している。これらの生き物が、ほかの里山の自然同様に、生物多様性の観点から注目を集めている。こういった生物たちの生存にとって萱場がどのように管理されているかは重要である。ここからは萱場の管理によってそこに暮らす生物にどのような影響があるのか、植物を例にとってみていきたい。

◇草刈りの方法や頻度

草地の管理には、地上部を刈り払う刈り払い、刈り払った植物を草地外に持ち出す刈り取り、刈り払うか、もしくはそのまま火を入れて植物体の地上部を燃やしてしまう火入れ、牛や馬、山羊などの草食哺乳類を放ち直接餌として草を摂食させる放牧、などの方法がある。いずれの場合も前述した植生遷移の進行を食い止め、草地が森林に移行するのを防ぐという共通の効果がある。

また、刈り方についても、地表からどの程度の高さで刈るかによって植物に対する効果は違ってくる。樹木、とくに将来森林をつくるほど大きくなるような高木性の樹種は、翌年に伸ばす枝の元になる越冬芽を枝先や葉腋につけるので、地表近くで刈り取られると、いつまでたっても最大サイズに到達できない。それどころか毎年切株の根元近くから萌芽枝を出しているうちに消耗して枯れてしまう。それに対して越冬芽を地表すれすれか、地中の地下茎や球根(鱗茎や塊茎など)につけるような種類は、刈り込まれても翌年何事もなかったかのように生えてくる。とくに地中に越冬芽をつけるタイプの植物は、火入れによっても越冬芽が損なわれないため、草刈りはもちろん、強力な撹乱である火入れに対しても強い。

動物による摂食も、草食動物の種類によって効果が違ってくる。たとえばヒツジやウシは、地表すれすれの葉を食べることができないが、ヤギは根こそぎ食べてしまう。有名な事例に小笠原諸島のヤギの例がある。小笠原諸島では18世紀に食糧として欧米の捕鯨船の乗組員が放したらしいヤギのせいで、その後回復不能な植生破壊が起こり、それに伴う土壌流出が引き起こされた。ウシやウマは地表近くの草を根こそぎ食べることはないので、ここまでの植生の後退を引き起こすことはないとされている。

草刈りの頻度も重要である。草刈りは地上部を刈ってしまうことによって、群落を一度リセットしてしまうからである。草地植物群落は多くの種類の草で構成されているが、それぞれの植物の生長速度はさまざまである。生長速度の違いは光を巡る競争に直接影響を与える。たとえば、ある1種類が飛び抜けて速い生長を示し、他の植物に覆い被さってしまえば、その群落はその植物の一人勝ちとなり、他の植物は見られなくなる。ところが、ある程度育ったところで人間が草刈りを行なったらどうなるだろうか。また一からのスタートになるため、生長の遅い植物にもチャンスが生じる。一人勝ちしていた植物も、刈るタイミングによっては地下部に光合成産物を廻していないから、せっかく光合成でためた産物を失って、そのあとの生長にハンデが生じる。つまり草刈りはさまざまな植物が生えるチャンスを与えることになる。

一方で草刈りの頻度が高すぎると、今度は刈り込みに耐えられる少数の植物が一人勝ちすることになり、多様性は減少する。ちなみに畑で育てられている作物には、基本的にほかの植物との競争がない。人間が競争相手の植物を排除してくれるためである。多様性を排除して目的とする作物だけを育成する究極の「低」生物多様性環境が畑だ。萱場は収穫を目的とする草があるため、畑に似ているようだが、畑ほど集約的な管理がされるわけでもない。除草剤も使わないし、管理の仕方によっては目的のカヤ以外の草も排除しない。肥料を使ってカヤを太らせることもない。それがいろいろな植物の生える余地がある、多様性の高い自然を産み出すことにつながっているといえよう。

### ◇昆虫の生育にも影響

半自然草地の管理は植物以外に昆虫にも関係している。チャマダラセセリは近年もっとも数を減らしている絶滅危惧のチョウで、環境省の最新のレッドリストでは絶滅危惧ⅠB類にランクされる。このチョウは、ミツバツチグリやキジムシロなどの草地の植物を食草としている。寒冷な場所を除き、本州の多くの生息地では1年に2回成虫が発生する多化性の昆虫であり、春型の成虫は5月上旬から中旬、夏型は8月上旬から中旬にかけて現われる。このチョウは草丈が低く比較的面積の広い半自然草原に見られるチョウで、萱場にも多くが生息していた。

チャマダラセセリ（写真：中村康弘）

ミツバツチグリ

しかし、食草が生育する草地であればどこでも生きていくことができるかといえば、そうではない。産卵のためには草丈が低くて地面がむき出しになっているような場所が産卵場所として必要だが、成虫が産卵する時期にそういった環境が用意されているかどうかが重要である。このチョウは前述のように年2化の場所もあり、こうした場所では、年に1回だけの草刈りのみだと、夏型の産卵時期に草丈が高く、産卵場所が確保できない場合が出てきてしまう。また、このチョウは、枯葉の中で蛹となるため、春先に火入れをすると蛹ごと燃えてしまい、次世代をつなぐことができない。

かつて草原が利用されていた時代には、一つの草地を二つに分けて、火を入れる場所を1年交替で入れ替えていたり、前年秋に草刈りをすることによって春先に火入れを行なわない場所もあった。また、草の利用目的が農地の肥料、牛馬の餌や敷き藁、茅など多様であったことから、草刈りの時期やその規模なども多様であり、夏場に草丈が低い草原も見られた。こうして、チャマダラセセリは生き残ることができた。保全を目的として草原の管理する場合、対象とする生物の暮らしをよく知るとともに、昔の草原管理が生物とどのようなつながりがあったのかについても考えながら、慎重に行なっていくことが必要である。

## ●萱場の管理・利用と植物の関係——中部地方の草地調査から

萱場を管理したり利用することによって、生育する植物の種類にはどのような影響があるのだろうか。中部地方のカリヤス、およびススキの半自然草地、つまり萱場の植物と管理や利用の関係について著者の一人である柏春菜とともに調査した結果について触れてみたい。調査は2009年に、中部地方の4つの草地で行なわれた。長野県木曽町の藤屋洞(ススキ草地)、岐阜県恵那市の馬木(カリヤス草地)、富山県南砺市相倉(カリヤス草地)、岐阜県白川町馬狩の4カ所である。調査にあたっては、草地の内部と辺縁にそれぞれ7つずつ1m×1mの調査枠を設置し、出現する植物種を記録した。草地の利用目的は、藤屋洞が牛馬の餌、馬木が肥料および隣接する畑の日照確保、相倉と馬狩が屋根葺き材の供給である。それぞれの萱場の管理は、藤屋洞が春の野焼きと9月の刈り取りを交互に行なうため隔年の刈り取り、馬木は隔年で9月に刈り取り、相倉は6月にカリヤス以外の草を刈り取り、9月に辺縁の草を刈り、10月にカリヤスの刈り取りを行なうというサイクルを毎年実施、馬狩は春と7月の雑草刈りと、10月のカリヤスの刈り取りを毎年行なっていた(表1)。

表1 それぞれの萱場の管理方法と利用目的

| | 藤屋洞 | 馬木 | 相倉 | 馬狩 |
|---|---|---|---|---|
| 優占種 | ススキ | カリヤス | カリヤス | カリヤス |
| 管理方法 | 火入れ(春)<br>刈り取り(9月) | 刈り取り(9月) | 刈り取り(6月)<br>草刈り(9月)<br>刈り取り(10月) | 草刈り(春)<br>草刈り(7月)<br>刈り取り(10月) |
| 管理頻度 | 2年に1回 | 2年に1回 | 年3回 | 年3回 |
| 利用目的 | 牛飼料 | 肥料 | 屋根葺き材 | 屋根葺き材 |
| 管理開始 | 古くから | 古くから | 古くから | 最近(21世紀) |

この中で出現した植物の種数が最も多かったのが馬木の97種、次いで藤屋洞の55種と相倉の53種、最も少なかったのが馬狩の43種であった(表2)。種数自体が馬狩で最も少ないのは、ここだけが最近他からのカリヤスの移植によって造成された人工草地であることを反映しているものと思われる。一方で他の萱場は昔から管理が途切れることなく続いていた半自然草地であり、管理の継続が草地性の植物の存続にとって重要であると考えられる。逆に馬木で種数が多いのは、樹木の種数が多いためである。

表2 萱場に出現した植物の種数

| 分類 | 藤屋洞 | 馬木 | 相倉 | 馬狩 |
|---|---|---|---|---|
| 樹木 | 2 | 33 | 10 | 16 |
| 林内 | 3 | 10 | 6 | 3 |
| 林縁 | 17 | 22 | 22 | 15 |
| 草地 | 21 | 22 | 9 | 6 |
| 路傍 | 10 | 10 | 5 | 3 |
| 帰化 | 2 | 0 | 1 | 0 |
| 合計 | 55 | 97 | 53 | 43 |

管理によって樹木の出現が抑制されることは前に述べた。刈

り取りの頻度が2年に一度と、最も低かった馬木では最も多い33種の樹木が見られた。逆に毎年刈り取りをしている馬狩と相倉では、それぞれ16種、10種と馬木の半分以下の種数だった。藤屋洞は刈り取りこそ隔年であるが、間に火入れが入っている。ここでは樹木の種数はたったの2種であった。火入れは草地の樹林化を抑制するのに有効な手段であると思われる。

草地に特徴的に生育する植物についてはどうだろうか。2年に一度の刈り取りである馬木と藤屋洞では、草地性の植物はそれぞれ22種、21種と多かったのに対し、毎年刈り取りを続けている相倉と馬狩では、それぞれ9種、6種と少なかった。これは、中部地方のこれらの草地に関しては、少なくとも隔年刈り取りの方が、毎年刈り取るよりも多くの草地性の植物を育むことができるということであろう。相倉と馬狩は合掌集落の屋根葺き材としての茅の用途があるので、良質のカヤを生産するため他の植物を徹底的に排除する管理が行なわれていることも、種数が少ない原因であると思われる。逆に馬木と藤屋洞では、刈り取った草を肥料や家畜の餌として使っていることがわかっている。聞き取りによれば、カヤだけでなく、さまざまな草が混じっていても構わない、もしくは家畜のためには混じっていた方がよい、ということだそうで、こういった用途と管理の間の関連性をうかがわせる。

根本正之は、『日本らしい自然と多様性――身近な環境から考える』の中で、ススキ草原の場合、ススキと共存する植物が空間を立体的に棲み分けるためにはススキの草丈が2m程度になる必要があり、そのためには晩秋1回か、2年に1回くらいの刈り取りで最も多様性が高くなると指摘している。これは柏の調査結果と矛盾しない。ススキとカリヤスの違いはあるかもしれないが、それぞれの調査地での利用は概ね種多様性を高める中程度の撹乱に近いものであったようだ。屋根葺き材として良質の茅を生産するために、他の植物を排除するような管理を行なう場合でも、必ず草地周辺には刈り残された草も出てくるし、なかには刈り取りを休ませるような草地もあったに違いない。日本列島がまだ多くの管理された草地に覆われていた昭和30年代までは、生物多様性が高く、さまざまな花の咲き乱れる美しい風景がそこかしこに見られたはずである。そこには用途によって管理の違う草地が見られ、少しずつ異なった種類の植物が生育していたに違いない。人の暮らしと営みは自然そのものに影響を与え、一体となって日本列島の自然を形づくっていたのだろう。そういった自然の切れ端しか残されていない現代だからこそ、管理と利用の文化も含めて継承していく必要があるのではないだろうか。

# 萱場環境の指標生物

## ●萱場が育む多くの生き物たち

今までみてきたように、萱場は多様な利用方法に供される植物材料を供給する場であると同時に、多くの植物が暮らす身近な自然でもあった。これらの生き物は現在どのような状況に置かれているのか。そしてこれらの生き物のルーツはどこにあるのかを考えてみたい。

### ◇萱場に残る秋の七草

草地を彩る植物として古くから名を知られるのが、秋の七草である。山上憶良が『万葉集』で詠んだ、秋の野に咲く7種の植物は、順番にハギ、ススキ、クズ、カワラナデシコ、オミナエシ、フジバカマ、キキョウであると考えられている。「ハギ」という和名の植物はないのだが、最も普通に見られるヤマハギであると考えてもそう間違いではないだろう。また、古名の「尾花」で詠まれているのがススキ、「朝貌」で詠まれているものは諸説あるがキキョウであるらしい。この中にススキが入っているが、残りの種のうちハギ、カワラナデシコ、オミナエシ、フジバカマ、キキョウの5種はススキ草地に生育する植物である。それ

クズ

カワラナデシコ

オミナエシ

フジバカマ

キキョウ

ヤマハギ

もどんなススキ原でも出るのではなく、管理が行なわれている場所にしか見られない。クズはススキ草地以外にも林の縁など、光の当たる場所であればどこでも見られる植物である。筆者は残念ながら自生のフジバカマを目にしたことはないのだが、秋の七草の顔ぶれを見る限りでは、山上憶良が見ていた秋の野の光景は、きちんと管理しながら使われていたススキ原の風景であったのだろうと推測できる。万葉集が読まれた7世紀後半から8世紀後半にかけての日本では、そういった景観が人々の近くに普通にあったのだと思う。

　しかし、現代ではこれらの植物を野外で目にすることは、植えられているものを除けば稀である。日本のレッドデータブックから秋の七草のうち、絶滅危惧種にランクされているものを拾ってみよう。カワラナデシコが1都6県、オミナエシが1都2府16県で指定されており、オミナエシは東京都では絶滅したとされている。フジバカマは1都2府25県で指定、そのうち絶滅したとされているのは和歌山、島根、福岡など5県、キキョウは1都2府39県で指定、東京都では絶滅したとされている。秋の七草が秋の三草になりかねない惨憺たる状況だが、これには草地面積の減少の問題と、残された草地の質の問題が関係している。身近に存在していた草地は開発の対象になりやすく、人里から遠い、または山間地で手がつけられなかった草地については、たとえ残っていたとしても手入れがなされなくなったため、これらの植物の生育に適さなくなってしまったのである。そういったわけで、ススキ草地自体は里の田んぼの脇から、中山間地、山地に至るまでまだいくらでも見ることができるが、秋の七草のうち前述の4種が見られるところは非常に珍しくなってしまった。

### ◇江戸の町にあった多様な植物

　ところで江戸時代の日本では秋の七草は見られたのだろうか。『武江《ぶこう》産物志』という書物がある。著者の岩崎常正は、本草学を学び、当時最大の植物図鑑を著している学者である。彼が1824年に江戸・日本橋の周囲20㎞を中心とするエリアに見られる農産物、薬草木類をメインとして、その他昆虫、は虫類、両生類などを記録したものが『武江産物志』である。薬草の採取や行楽の際に利用してもらうようつくった、いわば江戸の自然ハンドブックのようなものであったらしい。すべての植物を網羅的に記録しているわけではなく、薬草木類や花見に重要であった種などが中心になっているが、当時の江戸の自然を想像するのに有用な資料であると考えられる。記載されている植物には、森林性の植物が多く見られることから、江戸時代は現在よりも林の多い環境だったのではないかと考えられる。

　そのような中で、草地性植物である秋の七草については、カワラナデシコ(瞿麦)、クズ(葛)、オミナエシ(敗醤)に関し記録がある。草地性の種の多い場所のひとつが道灌山付近である。現在の荒川区西日暮里4丁目付近から北区田端、中里、平塚、飛鳥山、王子に及ぶ範囲であり、段丘と谷津、崖下の湿地を含むような多様な環境であったらしい。ホタルサイコ、ノカラマツ、チガヤといった草地性の種が多数見られることから、この範囲にはチガヤ草地があったのではないかと想像する。他に草地性の種の多い場所としては、鼠山周辺があげられる。ここはJR目白駅の西、目白通りの北側の高台であり、道灌山周辺同様に高台であるために水の便が悪く、萱場として利用されていたのではないだろうか。ここには、ミシマサイコ、スズサイコ、ワレモコウ、オキナグサ、マツムシソウなど、手入れされた萱場を想像させる植物が揃っている。

　ここまで挙げてきたかつての江戸で見られた植物は、現在絶滅危惧種に指定されているものも多い。東京が都市化していることを考えると当然だと思いがちであるが、現在東京で見られない種だけでなく、全国的に絶滅危惧とされているものが多数含まれていること、当時の江戸が世界有数の人口稠密《ちゅうみつ》地であったことを考えると、逆に驚くべきことである。人口が多いということは、それだけ周辺の自然に大きな負荷がかかることを意味しているからだ。当時は今とは人と自然の関わりがまったく異なっており、負荷をかけすぎないよう、うまくつき合っていたのだろう。時代劇に出てくる江戸の町(撮影用のセット)にはあまり自然が見られないが、実際には多くの林や萱場をはじめとする野原に囲まれていたのではないかと想像できる。きっと自然が今よりもずっと近く、人の傍らにあったのだ。『江戸名所花暦』には現在の荒川区町屋付近の川べりの原っぱで一面のスミレを見ながら酒盛りをして盛り上がっている様子が書かれている。このスミレはおそらく野焼きによって広がったものであろう。

スミレ群落

現在でも田んぼの畦を野焼きしている場所で一面のスミレ群落を見ることがある。当時から日本人にはありのままの自然を愛でる美意識があったはずである。ところが現代では、外来植物のシバザクラや園芸種のソメイヨシノを一面、あるいは画一的に植えたりして、「花を愛でる」方は続いているが、「ありのままの」という美意識が抜け落ちているのではないか。花だけを愛でるのではなく、その背後にある自然そのものの恵みとその美しさに感謝できる心の在り方を大切にしたいものである。

### ◇野焼きや飼料採草が野生植物群を保全してきた

秋の七草をはじめとする草原性の植物がまとまって現在でも見られる場所がある。その中でも面積が大きく、最も有名なのが、肉牛などの飼料用採草地として野焼きが行なわれている阿蘇の草原である。前述のように阿蘇では少なくとも1万年以上草原の景観が続いていることがわかってきた。また、阿蘇山や祖母山、由布岳などの火山性草原では、ヒゴタイ、ヒゴシオン、シオン、ホクチアザミ、ヤツシロソウ、ケルリソウ、マツモトセンノウ、キスミレ、ノカラマツ、エヒメアヤメ、ヒメユリなどが特徴的な植物としてあげられている。これら11種のうち9種が環境省による絶滅危惧種指定を受けており、残る2種も全国10以上の県で絶滅危惧種にランクされている。

こういった草原は多くの絶滅に瀕している野生植物の宝庫であり、日本の生物相を守るための保全対象として重要なだけでなく、古くから続いてきた日本の文化的景観としても重要である。これらの草地を管理するための野焼きは、牧野組合の努力によって維持されてきた。しかし、その多くは後継者不足による組合員の高齢化が進んでおり、存続が危ぶまれている。また、安い農産物の輸入による畜産業の衰退も離農を促進し、茅の需要も減少している。こういった背景から貴重な半自然草原の存続は危機的な状況にある。それに対して市民参加による保全など都市住民と連携して草原の管理を続けていくという新しい取り組みが始まり、現在も続いている。

### ◇草原性のチョウは植生変化の指標

草原に暮らしている生物は植物だけではない。多くの昆虫が手入れされた萱場のような草地環境に依存して暮らしている。昆虫には植物との共進化の結果、ある特定の化学的防御物質を解毒できるようになった代わりに、その植物以外は食べられなくなってしまったものが多く見られる。つまり極端な偏食である。すると食草である特定の植物が数を減らすだけでその昆虫の絶滅リスクは非常に高くなる。昆虫の食草を見つける能力は非常に高いが、卵を産むために移動できる距離には限りがあるため、自らの行動範囲内に食草がなければその個体は子孫を残すことができないからである。つまり昆虫側の個体数の変化をチェックしておけば、食草が絶滅するよりも前にその個体数の減少を捉えることができるのだ。

そういった意味で最も適しているのが昆虫の中でもチョウ類である。チョウは熱心なアマチュア研究者も多く、古くから採集や写真によって残された記録を利用することができる。また、半自然草原を住みかとしてきた絶滅危惧種のチョウを追いかけることで、萱場を含む半自然草原に起きた変化を知ることにもつながる。

　絶滅危惧種に指定する際の基準には、絶対的な個体数が少ないこと、生息面積が小さいことのほかに、個体群の減少が大きいことも挙げられている。つまり個体群が急激に減少していることも判断の理由のひとつなのである。生息面積が小さく、個体数も少なければ、開発で失われるリスクも大きいし、変動する個体数がたまたまゼロになってしまった場合、地域個体群の回復は難しい。一方で、かつては日本中で見られたものが、現在限られた場所でしか見られない場合は、生息環境の変化が急激であり、早急に保全策を講じなければならないということを意味している。

　日本産チョウ類の中で最も急激に減少した種のひとつがオオウラギンヒョウモンである。このチョウはかつて本州・四国・九州に分布し、生息地は比較的限定されるものの広く各地で見られたチョウであった。しかし、現在ではこれまで記録のある95%の市町村で絶滅してしまい、現在残された生息地は、山口県の秋吉台、熊本県の阿蘇などの広大な草原で、なおかつ草丈の低い場所に限られている。オオウラギンヒョウモンはスミレ科の植物が食草であるが、全国的にスミレ科の植物はまだ普通に見ることができる。ということは、ただスミレ科の植物が生育しているだけでは不十分で、食草として役立つためにはかなりの面積の低い草原が広がり、スミレ類も一面に生育する必要があるのかもしれない。

オオウラギンヒョウモン(写真:中村康弘)

　萱場に多く見られる草地性の植物も、多くのチョウの食草となっている。その例として、ゴマシジミを取りあげてみたい。ゴマシジミは、ワレモコウやナガボノシロワレモコウを食草とするシジミチョウ科のチョウである。本州(東北を除く)・九州ではワレモコウを食草とするグループが分布しているが、ワレモコウの生育するススキ草地、すなわち萱場が減少したことによって急激にその数を減らしている。成虫はワレモコウの蕾に産卵する。孵化した幼虫はワレモコウの小花そっくりの色と形をしており、捕食者の目を逃れている。育った幼虫は、地面に落ちるとクシケアリ類の一種によってアリの巣に運ばれ、音や

ゴマシジミ

ワレモコウ

化学物質によってアリの幼虫に擬態し、アリの幼虫を食べて巣立っていくという大変面白い生活史をもつチョウである。ゴマシジミが一生を完結するためには、このアリの行動圏内にワレモコウが生えている必要がある。それゆえワレモコウが生育しているだけでは保全に関しては不十分で、利用するアリが同所的に十分な密度で生息している必要がある。

『日本列島草原1万年の旅　草地と日本人』の著者・須賀丈は長野県内に分布する絶滅危惧チョウ類上位10種について、その分布と古い草原の分布との間に関連があるか調べるため、黒色土(黒ボク土)の分布とチョウの分布を調べた。古い草原は2章の黒ボク土の項で述べたように、野焼きによって維持されていたと考えられているからである。その結果、10種のうち7種のチョウの分布が黒色土の面積の大きさと関連していることがわかった。つまり、野焼きという人の営みが何種類かのチョウを今日まで生きながらえさせてきたのだ。

1993年から「絶滅のおそれのある野生動植物の種の保存に関する法律」通称「種の保存法」が施行され、とくに絶滅リスクの高い種が保全対象として指定されているが、チョウに関しては、ゴイシツバメシジミ、オガサワラシジミ、ヒョウモンモドキに続いて、2016年にはゴマシジミ(本州中部亜種)、アサマシジミ(北海道亜種)、ウスイロヒョウモンモドキが追加で指定された。ゴイシツバメシジミとオガサワラシジミは、原生的な森林を住みかとするチョウである。それ以外の4種類は草原性のチョウであり、ヒョウモンモドキは西日本では湿地や放棄田に生えるキセルアザミを食草とする湿性草地が生息地であるが、かつて生息していた本州中部ではタムラソウの生えるススキ草原にも生息していた。また、ゴマシジミはワレモコウなどを、

ウスイロヒョウモンモドキ(写真:中村康弘)

アサマシジミはナンテンハギなどのマメ科植物を、そしてウスイロヒョウモンモドキはオミナエシやカノコソウを食草にしている。これらの食草は萱場のような採草地に多く見られる。こういったチョウが絶滅に瀕している原因は言うまでもなく、萱場の減少と、管理放棄によるところが大きい。つまり、萱場の管理と利用はこれらのチョウの存続にとっても重要なのである。

現在、日本チョウ類保全協会はチョウ類の保全について全国各地で精力的な活動を行なっている。日本チョウ類保全協会は、前身の日本チョウ類保全ネットワークが2004年に立ち上がって以降、絶滅危惧のチョウに関して重点的に、現状の調査と生息地保全活動を行ないチョウについて多くの人にその魅力と現状を知らせる活動も継続している。草原性のチョウに関しては、高齢化した地主に替わって市民らが萱場の草刈りを行ない、草地環境の維持を図っているが、成功している場所もある一方、努力の甲斐なくチョウが姿を消してしまったところもあると聞く。萱場の利用が広がっていくことによって、昔の日本の草地を彩っていた美しいチョウたちが帰ってくる一助になることを望みたい。

## ●日本列島と草地環境と大陸との関係

阿蘇の大草原に生育する植物のうち、代表的なものを満鮮要素と呼んだり、大陸系遺存種、と呼ぶことがある。これはどういう意味だろうか。それには中国大陸と日本列島の関係を考える必要がある。まず、満鮮要素とは、日本と中国大陸に共通の植物のうち中国東北部の温帯草原に見られる植物群で、現在寒冷な朝鮮半島の中部から北部にも多く分布することから、寒冷だった氷河期に大陸と日本がつながった際、日本にわたってきた植物であると考えられている。第四紀になって氷期に海水面が下がった際に大陸と日本は何度か地続きになっている。当時の日本列島は現在よりも寒冷かつ乾燥した気候であったとされているため、2章「日本列島の草原」の項でみてきたように、草原の成立しやすい環境であった可能性がある。さらに、九州島をはじめとして第四紀に活動した火山がしばしば噴火し、森林植生を草原に退行させた。そういった環境は、現在中国東北部の草原が成立している乾燥環境と似通っていたに違いない。その時代の日本列島は、人為抜きで草原の成立する場所が珍しくなかったであろう。

しかし、その後氷河期が終わって気候が温暖化、湿潤化していく中で、草原は遷移が進行して森林へと姿を変えていったと考えられるのである。ところが、当時人間による自然の利用が始まっていたため、野焼きなどによって草原が維持された場所もあったであろうし、第四紀に大陸から持ち込まれた、もしくは移動してきた大型草食獣によって維持された草原もあったかもしれない。こうやって本来気候の変化によって失われるはずだった草原が残され、そこには大陸と共通する植物群が残ったのである。これを指して大陸系遺存種という言葉が使われる。いずれにせよ氷河期が終わってから続いた草原は、人間の働きを抜きにしては考えられない「半自然」ということになる。

### ◇中国と日本の植生を比較する

実際に２００８年に中国東北部を旅行する機会があったので、その際に目にした満鮮要素の植物をいくつか紹介したい。

ヒメヒゴタイ

当時は幹線道であっても舗装されていないうえに、雨が降らないので土埃の巻き上がっている道が多かった。そんな街道沿いで多くの絶滅危惧植物を目にした。中国で絶滅に瀕しているのではない。同じ種が日本で消えようとしているのである。日本では山地の草原に生え、環境省のレッドリストで絶滅危惧Ⅱ類にランクされ、情報不足の県を除いても40都府県で絶滅または絶滅が危惧されているヒメヒゴタイも、普通に雑草のごとく道路傍に生えている。

オミナエシとキキョウには意外なところで出合った。柞蚕《さくさん》の飼養林である。中国東北部ではナラ類の葉を食べる蚕の一種、柞蚕が野外のナラ林で飼育されている。ナラは管理されて腰くらいの高さに刈り込まれているのだが、この株と株の間からキキョウやオミナエシが生えている。実はこういった風景も、里山を集約的に使っていた昭和30年代以前の日本であれば普通だったのかもしれない。薪をとったり肥料にするために雑木林のひこばえを伐採するなどして管理する場合、伐採初期には樹木

柞蚕の林

草甸（そうでん）

は灌木状になり、陽がよく差し込むため株の間に草も生えることができるからである。キキョウやオミナエシは道ばたでもよく見かけることができた。とくにオミナエシは絶滅危惧種に指定されている日本の状況からすればあまりに普通なので、拍子抜けしてしまうくらいであった。

田端英雄は、田んぼ周辺の畦、すなわち半自然草地をもって、中国東北部の草甸《そうでん》の縮図であると主張している。草甸とは、湿地環境とやや乾燥した環境が繰り返すなだらかな丘のような地形に出現する植生を指し、イネ科が優占しない草原である。そこにはワレモコウ、サワヒヨドリ、シラヤマギクなど日本の半自然草原でおなじみの植物が見られるだけでなく、日本では河原や土手に生えるカワラサイコ、カワラボウフウ、カワラマツバや、里山林のオオバクサフジ、ソバナ、そして湿地に生えるヌマゼリなども生えているという。日本と共通の植物が、しかも日本ではさまざまな場所に散らばって見られる植物が、草甸では微環境に応じて出現場所を変えながらコンパクトに集まっており、それが「縮図」と表現されているわけである。田端は氷河期には日本でも草甸が広がっていたが、氷河期が終わって気候が温暖化する中で消え去り、草甸に生育していた植物は、里山のさまざまな環境に逃げ込んでいったのではないかと考えている。その中のひとつに里山の半自然草地があり、古くからその管理を継続してきたからこそ残ってきた、大陸との関わりの深い生物がいると考えることができる。

大陸と日本の植物の共通性から、日本列島の植生がたどってきた変遷の一部を垣間見ることができた。我々が日々行なっている草刈りも、実は日本列島の自然がたどってきた植生の変遷に与えてきた影響の一部であり、そうやって先祖から引き継いだ営みが日本の美しい景観を形づくっている。我々現代の日本人は、萱場を含む里山の自然を美しいままの形で後世に引き継いでいく義務があると思う。その場合、場当たり的に景観だけを整え、絶滅危惧種を植栽することには意味が無い。過去に行なわれてきた先祖の暮らしとその意味を知り、よき隣人である里山の生物の営みさえも慮ってこそ、正しく文化的景観が引き継がれるのではないだろうか。

## ●萱場との上手なつき合い方

ここまで、萱場の自然と人の営みについて述べてきた。萱場というのは茅という商品作物を育てる場であるのだが、それ以外にもいろいろな意味を持っていることを理解していただけただろうか。それは茅を利用する文化であったり、多くの絶滅に瀕する野生生物を育む古くから続く日本列島の自然の一部であることだったり、人によっては子どもの頃に見た秋の七草が咲き誇るノスタルジックな情景だったりするのかもしれない。大事なのは、萱場の意味を茅の生産だけに限定しないことだ。意味を限定すれば、それ以外のことは「無意味」となって切り捨てられる。無駄があるくらいがちょうどいい、と思う。

管理の仕方にもよるが、萱場にはたくさんの種類の雑草が生えている。雑草とは、ある作物を栽培するときに生えてきた目的の作物以外のものをいう。時には作物の生育にとって邪魔な場合もある。釣りで言うところの「外道」である。そこで雑草には役に立たない、もしくは害草としてのイメージがつきまとう。しかし、一方で雑草には「雑多な草」という意味もある。雑多ということは、言い方を変えれば「多様な」ということでもあるはずだ。多様であることにはきっと意味がある。目的の作物が決まっていれば、おのずとそれ以外の草は雑草になる。しかし、役に立つか立たないか、そして目的の作物がなにかは、人間の側の都合で簡単に変わりうる。

資本主義、商品経済の世の中では「商品」となる作物の種類はめまぐるしく変化する。外国の都合や消費者の好みのような要因で「お金になる」作物の種類は短いスパンで入れ替わっていく。畑は作物の生産工場であり、車のラインが生産する車種を変えていくように栽培する作物もまた変わってゆく。畑では化学肥料を大量に投入して植物の生産性を最大限に高めるかわりに、土は痩せ、肥料の継続投入を前提とした持続可能でない生態系がつくられる。しかし、半自然から資源を得ている場合、管理である程度の質的変化はあるが、自然はそう都合よく取り替えることができない。短時間で丸ごと入れ替えるなど不可能だ（戦後に行なわれた拡大造林はある意味そうかもしれないが）。であるならば、自然の側はそのままで、自然の持つさまざまな価値の中から、必要に応じて資源をいただくのが筋であろう。もちろん一つの目的のために資源を最大化できる畑や人工林に比べて経済的価値や効率は落ちるかもしれないが、そのかわり、変化する需要に対して柔軟に対応できるし、何より自然に無理をさせずに持続可能なつき合いが可能となるはずだ。

### ◇萱場は複数の価値を持つ自然

日本人の萱場の利用には、そういった自然の多面的な利用の姿が現われている。かつての里山林の利用は、大きく燃料、肥料、資材、山菜やキノコなどの林産物に分けられる。同じ林でも複数の利用目的があるわけだが、萱場の場合はそれよりもさらに多く、屋根葺き材、燃料、肥料、畑の敷料、家畜の飼料、薬草の採取、盆花にみられる花材など多岐にわたっている。

岐阜県恵那市明智町で、ゴマシジミの生息する草地を昔から管理してきたお宅で話を伺ったところ、以前は屋根葺き材のために草を刈っていたが、茅葺き屋根が少なくなってからは、蒟蒻畑の敷料にするために刈っているとのことだった。一つの目的が廃れても、別の目的に使うこともできるのが、多面的利用のできる萱場の利点であろう。さらにこの萱場では絶滅危惧種のチョウも養っていたわけで、1カ所が複数の価値を持つ自然であるといえる。

似たような里山の利用に「粗朶《そだ》」がある。"おじいさんは山へ柴刈りに"の、あの「柴」のことである。里山林で育った小径の木を束ねただけのものだが、規格に合わせてつくられたものは、河川工事用の資材として出荷され、国土交通省の「土木工事設計材料単価表」には一束当たりの単価が記載されている。実は工事用資材として使われるものには、直径3cm以下の木を束ねて長さ3m以上にした「そだ」のほかに、長さ3m以上の木25本を周囲長60cm以上になるよう束ねた「しがらそだ」や、直径5cm以下の木の先を削って束ねた「杭木《くいき》」などがある。これらの資材は、量は少ないが現在でも里山林から出荷されている。

粗朶

この里山林を岐阜県では粗朶山と呼ぶ。粗朶山は粗朶の生産を続けていた山で、15年以下の短伐期で収穫していたため、木が細い。粗朶山でなくても粗朶は生産できるのだが、粗朶山には無駄がない。適切な伐期で管理されていた粗朶山は、切った木は「粗朶」「しがらそだ」「杭木」のいずれかとして出荷できる。それよりも太い直径10cm程度のものであれば、薪や、樹種によってはシイタケ生産のほだ木に利用できる。つまり皆伐した木はすべて売ることが可能なのだ。

ここで大事なのは、ほだ木がお金になるからナラの木を植える、という発想にならないことだ。昔の里山ではナラが欲しければナラの多い山を切る、のであって、けしてナラの植林に走ったりはしない。それは植える手間やお金を考えて経済的な問題でもあるのだろうが、「あるものをあるように使う」という自然な発想でもあるのではないか。それが日本人の昔からの自然とのつき合い方であると思う。萱場に関してもそうである。上質の屋根葺き材を生産するための管理や手入れはもちろん必要なのだが、それ以上のことはしない。特定の草だけを新しく植えて増やそうとするのではなく、あるものを使うという発想なのだ。

株立ちして太くなりすぎたススキは屋根葺きには向かず、刈り取りを続けて痩せた土地に生える細い稈が上等とされる。こうしたススキ群落は概して多様性も高く、多種類の草が生育できる。古くからの大陸との交流を思わせるものも多い。日本の伝統文化が長い時間をかけて育んできたわが国固有の自然は、人と自然が共存する里山としてこれ以上のものはない。萱場の管理と利用が進み、この自然が広く認識され、続くことを願う。

（柳沢　直）

# 引用・参考文献一覧

■柳沢直 執筆分
阿部聖哉、梨本真、矢竹一穂、松木吏弓、石井孝　２００８年「秋田駒ケ岳のイヌワシ行動圏におけるノウサギの生息密度と森林植生との関係」『日本森林学会誌』87(2)１１７-１２３
阿部佑平、柴田昌三、奥敬一、深町加津枝　２０１１年「京都市におけるササの葉の生産および流通」『日本森林学会誌』93(6)２７０-２７６
安藤邦廣　２０１７年『新版 茅葺きの民俗学 生活技術としての民家』　はる書房
石川栄輔　１９９３年『大江戸えねるぎー事情』　講談社
犬井正　２００２年『里山と人の履歴』　新思索社
上村惠宏　１９８８年『各務野の利用と開発 各務原の歴史』２０９-２１３　各務原市
植田睦之、百瀬浩、山田泰広、田中啓太、松江正彦　２００６年「オオタカの幼鳥の分散過程と環境利用」Bird Research ２ 1-10
小川菜穂子、深町加津枝、奥敬一、柴田昌三、森本幸裕　２００５年「丹後半島におけるササ葺き集落の変遷とその継承に関する研究」『ランドスケープ研究』68(5)６２７-６３２
小椋純一　１９９２年『絵図から読み解く人と景観の歴史』　雄山閣
小椋純一　２０１２年『森と草原の歴史』　古今書院
小椋純一・山本進一・池田晃子　２００２年「微粒炭分析から見た阿蘇外輪山の草原の起源」『名古屋大学加速器質量分析計業績報告書』13　ｐ２３６-２４０
各務原市歴史民俗資料館編　２００３年『かかみ野の風土―植物と人々のくらし』　各務原市教育委員会
各務原市歴史民俗資料館編　２００４年『かかみ野の風土―産業と人物』　各務原市教育委員会
柏春菜　２０１０年「里山の利用が半自然草地の植生に及ぼす影響について」　岐阜県立森林文化アカデミー 卒業研究論文
勝山輝男　２００５年『ネイチャーガイド 日本のスゲ』　文一総合出版
加藤真　２００６年「原野の自然と風光――日本列島の自然草原と半自然草原」『エコソフィア』18　4-11　昭和堂
環境省　２０１７年「環境省レッドリストカテゴリーと判断基準(２０１７)」
黒田末寿　２０１２年「滋賀県余呉町の１９６０年代の焼畑と実地に学ぶ焼畑」『ざいちのち実践型地域研究最終報告書』73-84
小林国之　２０１４年「フランス農村振興政策における地域振興主体としての地方自然公園制度の意義」北海道大学農經論叢69　1-12
小林純　１９７１年『水の健康診断』　岩波書店
小山鐵夫　１９８９年『世界有用植物事典』　平凡社
斎藤たま　２０１０年『箸の民俗誌』　論創社
佐久間大輔・伊東宏樹　２０１１年「里山の商品生産と自然」『里と林の環境史』所収　文一総合出版
佐々木高明　１９８２年『照葉樹林文化への道』　日本放送出版協会
佐藤洋一郎・石川隆二　２００４年『〈三内丸山遺跡〉植物の世界―ＤＮＡ考古学の視点から』　裳華房
島野光司、矢竹一穂、梨本真、松木吏弓、白木彩子　２００３年「林内から伐採跡地にかけてのノウサギによる植生利用の変化」『森林野生動物研究

会誌』29 25–36
須賀丈　２０１２年「半自然草原の歴史と草原性チョウ類の分布」『日本列島草原1万年の旅 草地と日本人』所収　築地書館
高橋英一　１９８７年『ケイ酸植物と石灰植物 作物の個性をさぐる』　農山漁村文化協会
高橋英一　２００７年『作物にとってケイ酸とは何か 環境適応力を高める「有用元素」』　農山漁村文化協会
高橋正道　２００５年「白亜紀~古第三紀の陸上植物の変遷過程―白亜紀に多様化した被子植物群と古第三紀の植物相の地理的分布」『石油技術協会誌』70（１）37–46
Taniguchi F, Kimura K, Saba T, Ogino A, Yamaguchi S, Tanaka J (2014) Worldwide core collections of tea (Camellia sinensis) based on SSR markers. Tree Genet Genomes 10:1555~1565
田端英雄編著　１９９７年『里山の自然』　保育社
Hideo Tabata 2001 The Future Role of Satoyama Woodlands in Japanese Society. in Forest and Civilizations. New Delhi: Lustre Press
田畑真佐子、加藤聡子、川村晶、鈴木潤三、鈴木静夫　１９９６年「ヨシ植栽水路における河川水中の窒素・リンの除去効果」『水環境学会誌』19（４）３３１–３３８
Tamaki I, Kuze T, Hirota K, Mizuno M (2015) Genetic variation and population demography of the landrace population of Camellia sinensis in Kasuga, Gifu Prefecture, Japan. Genetic Resources and Crop Evolution Online: 1-9
淡海環境保全財団　２００２年『琵琶湖のヨシ再生に向けた植栽条件に係る調査研究報告書』　日本財団
千葉徳爾　１９９１年『増補改訂 はげ山の研究』　そしえて
鎮西諒地、松本邦彦、澤木昌典　２０１７年「草地維持管理活動へのボランティア参加の現状とその効果 熊本県阿蘇地域を事例として」『日本都市計画学会関西支部研究発表会講演概要集』15　9–12
冨山清升　１９９８年「小笠原諸島の移入動植物による島嶼生態系への影響（<特集>移入生物による生態系の攪乱とその対策）」『日本生態学会誌』48：63–72
中尾佐助　１９６７年「農業起源論87.　日本列島のｅｔｈｎｏｂｏｔａｎｙ」『自然―生態学的研究』４８６–４８９　中央公論社
中川元男、杉本博之、寺井和弘　１９９５年「水性植物による琵琶湖流入河川の浄化実験」『環境システム研究』23（８）３８２–３８９
Nakano M., Yayota M., Karashima H., Ohtani S. 2007 Seasonal variation of nutrient intake and digestibility of forage in beef cows grazed on a dwarf bamboo (Pleioblastus argenteostriatus f. glaber) dominant pasutre. Grassland Science 53: 69-77
中村康弘　２０１２年「近年もっとも減少しているチョウ、チャマダラセセリ」『チョウの舞う自然』14：22–23
Nakamura Y, 2011. Conservation of butterflies in Japan: status, actions and strategy. Journal of Insect Conservation 15:5–22
日本チョウ類保全協会　２００９年『チョウが消えてゆく～チョウをシンボルに自然環境を守る～』　日本チョウ類保全協会
日本チョウ類保全協会　２０１２年『フィールドガイド 日本のチョウ』誠文堂新光社
根本正之　２０１０年『日本らしい自然と多様性 身近な環境から考える』　岩波書店
野村圭祐　２００２年『江戸の自然誌「武江産物志」を読む』　どうぶつ社
藤井滋穂　２００１年「琵琶湖岸におけるヨシ群落の機能と現状」『環境技術』30（２）16–20
細見正明　１９９４年「内陸湿地における自然浄化のメカニズムと浄化機能の積極的利用」『水環境学会誌』16（３）１４９–１５３
細見正明　１９９６年「首都圏における多様な人間活動インパクトとその制御 湿地における水質浄化機能」『環境科学会誌』17（１）１１８–１２０

堀江秀樹・根本正之　１９９０年「ススキの生育に対する土壌pHとアルミニウムの影響」『雑草研究』35（３）：２９２‐２９５
松江正彦、百瀬浩、植田睦之、藤原宣夫　２００５年「オオタカ（Accipiter gentilis）の営巣密度に影響する環境要因」『ランドスケープ研究』69（５）５１３‐５１８
丸山清明　１９９２年『日本の稲育種』　農業技術協会
水本邦彦　２００３年『草山の語る近世』　山川出版社
宮内泰介編著　２００９年『半栽培の環境社会学』　昭和堂
村田源　１９８８年「日本の植物相 その成り立ちを考える⑰ 大陸要素の分布と植生帯」『日本の生物』２（６）：83‐87
邑田仁・米倉浩司　２００９年『高等植物分類表』　北龍館
守山弘　１９９７年『水田を守るとはどういうことか 生物相の視点から』　農山漁村文化協会
柳沢直　２０１１年「放棄水田の耕起による植物相の変化について」『岐阜県植物研究会誌』27　１‐６
山内康二・高橋佳孝　２０１０年「阿蘇千年の草原の現状と市民参加による保全へのとりくみ」『草地の生態と保全ー家畜生産と生物多様性の調和に向けてー』所収　学会出版センター
山野井徹　２０１５年『日本の土』　築地書館
湯谷堅太郎、浅枝隆、シロミ カルナラツヌ　２００２年「夏季の刈取りがヨシ（Phragmites australis）の生長に及ぼす影響」『水環境学会誌』25（３）１５７‐１６２
Satoshi Yokoyama, Isao Hirota, Sota Tanaka, Yukino Ochiai, Eiji Nawata and Yasuyuki Kono 2014 A review of studies on swidden agriculture in Japan: cropping system and disappearing process. TROPICS 22 (4) 131-155
米倉浩司　２０１６年『改訂新版日本の野生植物』Ｖｏｌ.２所収ｐ31
McNaughton S. J., Tarrants J. L., McNaughton M. M., Davis R. D. 1985 Silica as a Defense against Herbivory and a Growth Promotor in African Grasses. Ecology 66(2): 528-535
M. Witek, corresponding author, P. Skórka, E. B. Śliwińska, P. Nowicki, D. Moroń, J. Settele, and M. Woyciechowski 2011 Development of parasitic Maculinea teleius (Lepidoptera, Lycaenidae) larvae in laboratory nests of four Myrmica ant host species. Insectes Sociaux 58(3): 403–411

**■柏春菜 執筆分**

高橋佳孝　２００８年「草原バイオマスの古くて新しい利用」森林環境研究会編『森林環境　草と木のバイオマス』　朝日新聞社　91‐１０３
高橋佳孝　２００８年「野草資源のバイオマス利用―畜産だけでない草利用の古くて新しい分野―」『日本草地学会誌』53（４）　３１８‐３２５

≪執筆者紹介≫
柳沢 直（やなぎさわ　なお　岐阜県立森林文化アカデミー教授）
柏 春菜（かしわ　はるな　執筆時、岐阜県立森林文化アカデミー森と木のクリエーター科里山研究会）
竹田 勝博（たけだ　かつひろ　ヨシ葺屋根・ヨシ壁工事の「葭留」主宰）
松本 八十二（まつもと　やそじ　渡良瀬遊水地利用組合連合会会長）
《写真》倉持正実（松本八十二関連の口絵・3章の写真すべて）

≪萱場や草地の自然とその利用について考える人のために≫
「かみいしづ里山大学」市民参加で草地（草生）を含む里山の管理・保全活動、生物相調査
〒503-1624　岐阜県大垣市上石津町三ツ里258-1　応用里山研究所（田端英雄）　電話 0584-51-2446
会津学研究会　コガヤ（カリヤス）、ボーガヤ（ススキ）の民俗利用と再生活動
〒968-0211　福島県大沼郡昭和村大岐1723　菅家博昭方　電話 0241-57-2452
「西の湖ヨシ灯り展」実行委員会
〒521-1311　滋賀県近江八幡市安土町下豊浦4660番地　安土コミュニティセンター内
電話 0748-46-2346

地域資源を活かす　生活工芸双書

萱《かや》

2018年8月5日　第1刷発行
2021年4月15日　第2刷発行

著者
柳沢 直
柏 春菜
竹田 勝博
松本 八十二

発行所
一般社団法人 農山漁村文化協会
〒107-8668　東京都港区赤坂7丁目6-1
電話：03（3585）1141（営業），03（3585）1147（編集）
FAX：03（3585）3668　振替：00120-3-144478
URL：http://www.ruralnet.or.jp/

印刷・製本
凸版印刷株式会社

ISBN 978-4-540-17118-5
〈検印廃止〉


装幀／高坂　均
DTP制作／ケー・アイ・プランニング／メディアネット／鶴田環恵
定価はカバーに表示　乱丁・落丁本はお取り替えいたします。